高等职业教育建筑设备类专业系列教材

U0369432

# 火灾自动报警 及消防联动工程技术

主　编　倪旭萍　吴灵杰

副主编　蓝美娟　赵春福　刘晓霞

参　编　王子超　史晓钰　李　博　施奋飞

机械工业出版社

本书结合职业教育教学改革要求和高等院校人才培养目标，以火灾自动报警及消防联动控制系统的工程要求与流程为编写逻辑，内容包括认识火灾自动报警及消防联动控制系统、火灾自动报警系统的识图与设计、火灾自动报警系统的安装、火灾自动报警系统的操作、火灾自动报警系统的调试与验收、智慧消防系统六个单元。

本书内容通俗易懂，实用性强，设有"单元概述""教学目标""职业素养要求"，便于学生有目的性地学习，提高学习效率。

为方便教学，本书配有电子课件、视频资源、习题、习题答案等教学资源。凡使用本书作为教材的教师，均可登录机工教育服务网www.cmpedu.com下载使用。如有疑问，请拨打编辑电话010-88379375。

本书可作为高职高专院校建筑消防技术、建筑工程管理、建筑电气工程技术、工程造价等专业教材和中高职一体化相关专业教材，也可作为消防设施操作员等相关专业行业技能考试、"消防灭火系统安装与调试"等赛项和岗位培训的教材，以及建筑工程技术人员的自学参考用书。

**图书在版编目（CIP）数据**

火灾自动报警及消防联动工程技术 / 倪旭萍，吴灵杰主编. -- 北京：机械工业出版社，2024. 10.
(高等职业教育建筑设备类专业系列教材). -- ISBN 978-7-111-76890-6

Ⅰ. TU998.1

中国国家版本馆CIP数据核字第2024UQ4873号

机械工业出版社（北京市百万庄大街22号　邮政编码100037）

| | | |
|---|---|---|
| 策划编辑：陈紫青 | | 责任编辑：陈紫青 |
| 责任校对：龚思文　李　婷 | | 封面设计：马精明 |
| 责任印制：刘　媛 | | |

涿州市般润文化传播有限公司印刷

2025年1月第1版第1次印刷

184mm×260mm · 10印张 · 237千字

标准书号：ISBN 978-7-111-76890-6

定价：49.00元

电话服务　　　　　　　　　　网络服务

客服电话：010-88361066　　　机 工 官 网：www.cmpbook.com
　　　　　010-88379833　　　机 工 官 博：weibo.com/cmp1952
　　　　　010-68326294　　　金 书 网：www.golden-book.com
**封底无防伪标均为盗版**　　　机工教育服务网：www.cmpedu.com

# 前 言

本书在建设平安中国的目标和对消防领域的新要求下，根据高职院校建筑设备类专业的教学需要，"岗、课、赛、训、证"融通，结合消防设施操作员考核内容、"消防灭火系统安装与调试"赛项内容，依据现行的国家标准和规范，吸收消防工程领域的先进成果，实现理论与实践相结合。

本书特色如下。

**1. 注重实践能力培养**

本书注重培养学生从事火灾自动报警及消防联动工程识图与设计、安装、操作、调试、验收等综合实践技能和技术应用能力，以适应消防灭火系统安装与调试领域的就业市场需求。

**2. 内容深入浅出**

通过深入浅出地介绍基本理论知识，帮助学生建立扎实的理论基础，并将其应用于实际工程需求中。

**3. 产教融合、校企合作开发**

本书编者积极借鉴了国内先进的消防工程成果，并携手多个职业院校和企事业单位的教师和专家进行编写。

**4. 配套信息化资源**

书中配套了微课视频，对知识难点进行讲解，方便学生更直观地掌握与理解；此外，为便于教学，本书还配有电子课件、习题与习题答案等。

本书编写分工如下：单元一由武威职业学院史晓钰和湄洲湾职业技术学院刘晓霞编写；单元二由浙江安防职业技术学院倪旭萍、温州大学建筑工程学院吴灵杰编写；单元三 3.3 由浙江工业职业技术学院李博编写；单元三 3.6 由温州市消防救援支队苍南大队施奋飞编写；单元三 3.1、3.2、3.4、3.5 和单元四 4.1~4.3 由倪旭萍编写；单元四 4.4~4.9 由浙江安防职业技术学院王子超编写；单元五由青海建筑职业技术学院赵春福编写；单元六由浙江安防职业技术学院蓝美娟编写。此外，教材编写过程中也得到了海湾安全技术有限公司温州办事处、苏州思迪信息技术有限公司等许多设计施工单位和产品生产厂商以及温岭市职业中等专业学校的支持和帮助，同时借鉴了国内的同类教材和技术资料，特向有关作者和专家致以深切的谢意。

由于编者水平有限，书中难免存在错误和不足之处，敬请读者批评指正。

编 者

# 二维码视频列表

（续）

| 序号 | 二维码 | 页码 | 序号 | 二维码 | 页码 |
|------|--------|------|------|--------|------|
| 11 | 火灾自动报警系统的安装 | 51 | 18 | 消防控制室的设置 | 87 |
| 12 | 火灾报警控制器的型号编制 | 52 | 19 | 认识消防联动及消防联动控制器 | 92 |
| 13 | 火灾探测器的型号编制 | 53 | 20 | 多线控制盘、总线控制盘的操作 | 95 |
| 14 | 编码器的使用 | 55 | 21 | 消防应急广播的操作 | 97 |
| 15 | 消防管线的敷设 | 59 | 22 | 消防电话的操作 | 99 |
| 16 | 火灾报警设备的安装 | 65 | 23 | 防火门的操作 | 101 |
| 17 | 消防联动控制设备的安装 | 80 | 24 | 防火卷帘的操作 | 103 |

（续）

| 序号 | 二维码 | 页码 | 序号 | 二维码 | 页码 |
|---|---|---|---|---|---|
| 25 | 防排烟系统的操作 | 108 | 29 | 火灾自动报警系统的检测 | 116 |
| 26 | 应急照明和疏散指示系统的联动操作 | 111 | 30 | 火灾自动报警系统的验收 | 122 |
| 27 | 非消防电源、消防电梯的联动操作 | 112 | 31 | 认识智慧消防系统 | 129 |
| 28 | 火灾自动报警系统的性能调试 | 116 | 32 | 智慧消防系统的操作与管理 | 142 |

# CONTENTS
# 目 录

# 01

>>> **认识火灾自动报警及消防联动控制系统**

## 单元概述

　　本单元的主要内容是在了解建筑火灾特点的基础上，掌握防火灭火方法，认识建筑消防系统，重点掌握火灾自动报警及联动控制系统。

## 教学目标

　　**1. 知识目标**

　　了解建筑火灾的特点，认识自动喷水灭火系统、消火栓系统、气体灭火系统等建筑消防系统。

　　**2. 技能目标**

　　认识建筑火灾的危险性，判断防火灭火方法，认识火灾报警及联动控制系统、自动喷水灭火系统等建筑消防系统的组成。

## 职业素养要求

　　通过火灾自动报警及消防联动控制系统的基础知识学习，增强消防安全意识，并能够在日常学习工作中始终将安全放在首位；养成规范操作、科学布置、综合协调、持续学习的习惯，增强诚信和社会责任感，在未来的职业生涯中秉持高标准的职业道德。

# 1.1　建筑消防系统基本知识

认识消防系统

## 一、建筑火灾的特点

### 1. 火势蔓延快

建筑内部可燃易燃材料多，发生火灾时，如不能及时控制火势，烟气扩散，火灾会点燃相邻部位可燃物，火势迅速蔓延。

### 2. 扑救难度大

建筑内部结构复杂，消防员扑救时不熟悉建筑内部结构、可燃物燃烧情况及起火部位，大大增加了扑救难度。另外，火灾烟气会导致能见度降低，加上火场嘈杂导致通信不畅，使扑救难以施行。消防管理人员日常管理的疏忽，固定消防给水灭火设施的损坏，也会导致火灾扑救难度增大。

### 3. 易造成人员伤亡

发生火灾时，建筑内部分建筑材料和可燃物燃烧会产生大量热辐射，并生成火灾烟气。火灾烟粒子漂浮在空中，导致能见度降低，视野范围变小，同时生成的部分气体（如氨气）会刺激眼睛，给火灾逃生带来巨大的困难。火灾烟气中还包含一氧化碳等能使人窒息和中毒的气体，严重时甚至会导致人员死亡。

### 4. 造成严重经济损失

高层民用建筑迅速发展，建筑功能复杂，造价相对较高，一旦发生火灾，建筑本身及内部设备损毁，将会造成严重的经济损失。

## 二、防火灭火方法

### 1. 防火方法

（1）控制可燃物　可燃物是燃烧过程中的物质基础，控制可燃物就是使燃烧三要素（图1-1）中不具备可燃物或缩小燃烧范围。用非燃或不燃材料代替易燃或可燃材料；采取局部通风或全面通风的方法，降低可燃气体、蒸气和粉尘的浓度。

（2）隔绝助燃物　隔绝空气就是使燃烧三要素（图1-1）中缺少助燃物，也就是氧化剂。使可燃性气体、液体、固体不与空气、氧气或其他氧化剂等助燃物接触，即使有点火源作用，也会因为没有助燃物参与而不致发生燃烧。例如

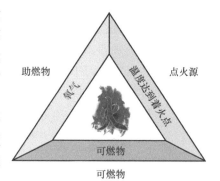

图1-1　燃烧三要素

隔绝空气储存某些化学品，将钠存放于煤油中，将磷存放于水中；使用易燃易爆物的生产过程应在密封的容器、设备内进行；对有异常危险的生产，可充装惰性气体保护。

（3）消除点火源　消除点火源就是使燃烧三要素中不具备引起燃烧的火源。应严格控制明火、电火及防止静电、雷击引起火灾。

（4）设防火间距　防火间距是防止着火建筑在一定时间内引燃相邻建筑，便于消防扑救的间隔距离。住宅建筑与相邻建筑、设施之间的防火间距应根据建筑的耐火等级、外墙的防火构造、灭火救援条件及设施的性质等因素确定。

**2. 灭火方法**

（1）隔离法　将火焰处或火焰周围的可燃物隔离或移开，中断可燃物的供给，燃烧会因缺少可燃物而停止，如关闭天然气管道阀门。

（2）冷却法　将灭火剂直接喷洒在燃烧的物体上，将可燃物的温度降低到燃点以下，终止燃烧，如用水灭火。

（3）窒息法　阻止空气流入燃烧区域，或用不燃物质冲淡空气，使燃烧物质断绝氧气的助燃而熄灭，如用泡沫灭火剂灭油类火灾。

（4）抑制法　抑制法也称化学中断法，就是使灭火剂参与到燃烧反应中去，使燃烧过程中产生的游离基消失，形成稳定分子或低活性游离基，使燃烧反应停止，如干粉灭火剂灭气体火灾。

### 三、建筑消防系统

当建筑发生火灾时，各类建筑消防系统相互配合发现火灾，扑救火灾，降低火灾带来的危害。建筑消防系统包括火灾自动报警及消防联动控制系统、防排烟系统、消防给水系统、消火栓系统、自动喷水灭火系统、气体灭火系统等（图1-2）。

图 1-2　建筑消防设施演示平台

**1. 火灾自动报警及消防联动控制系统**

火灾自动报警及消防联动控制系统（图1-3）是指为了探测火灾早期特征、发出火灾报警信号，为人员疏散、防止火灾蔓延和启动自动灭火设备提供控制与指示的消防系统。

图 1-3　火灾自动报警及消防联动控制系统

**2. 防排烟系统**

防烟系统是指通过采用自然通风方式或机械加压送风方式阻止火灾烟气侵入楼梯间、前室、避难层（间）等空间的系统，防烟系统分为自然通风系统和机械加压送风系统。排烟系统是指采用自然排烟或机械排烟的方式，将房间、走道等空间的火灾烟气排至建筑物外的系统，分为自然排烟系统和机械排烟系统（图 1-4）。

发生火灾时，开启防排烟系统，将火灾产生的大量烟气及时排除，以及防止着火区向非着火区蔓延扩散，特别是防止烟气侵入作为疏散通道的走廊、楼梯间及其前室，以确保建筑物内人员顺利疏散、安全避难和为消防队员扑救创造有利条件。

**3. 消防给水系统**

消防给水系统（图 1-5）分为高压消防给水系统、临时高压消防给水系统、低压消防给水系统。建筑消防给水系统的主要作用是储存并提供足够的消防水量和水压，发生火灾时，向水灭火系统供水以扑救早期火灾。

图 1-4　机械排烟系统

图 1-5　消防给水系统

**4. 消火栓系统**

消火栓系统是指由供水设施、消火栓、配水管网和阀门等组成的系统。消火栓分为市政消火栓、室外消火栓和室内消火栓（图 1-6）。室外消火栓设置在建筑物外，发生火灾时供消防车从市政给水管网或室外消防给水管网取水灭火，也可直接连水带、水枪灭火。室内消火栓是建筑物广泛应用的一种消防设施。发生火灾时，现场人员可使用室内消火栓扑救初期火灾，同时它也可供消防救援人员扑救建筑火灾。

**5. 自动喷水灭火系统**

自动喷水灭火系统（图 1-7）是指由洒水喷头、报警阀组、水流指示器、压力开关、管道、供水设施等组成，能在发生火灾时喷水的自动灭火系统，如图 1-7 所示。自动喷水灭火系统分为闭式自动喷水灭火系统和开式自动喷水灭火系统，其中闭式自动喷水灭火系统包括湿式自动喷水灭火系统、干式自动喷水灭火系统、预作用自动喷水灭火系统，开式自动喷水灭火系统包括雨淋系统和水幕系统。

**6. 气体灭火系统**

气体灭火系统（图 1-8）由灭火剂存储装置、启动分配装置、输送装置等组成，是传统四大固定式灭火系统之一，具有灭火效率高、无污染等优点。根据使用灭火剂的不同，气体灭火系统分为二氧化碳灭火系统、七氟丙烷灭火系统和惰性气体灭火系统。

图 1-6　室内消火栓

图 1-7　自动喷水灭火系统

图 1-8　气体灭火系统

# 1.2　火灾自动报警系统基本知识

## 一、火灾自动报警系统的组成、原理及功能

### 1. 火灾自动报警系统的组成

火灾自动报警系统是火灾自动报警及消防联动控制系统的简称，是以实现火灾早期探测和报警、向各类消防设备发出控制信号并接收设备反馈信号，进而实现预定消防功能为基本任务的一种自动消防设施。火灾自动报警系统由火灾探测报警系统、消防联动控制系统、火灾预警系统组成，如图 1-9 所示。

火灾自动报警
系统的组成、
原理及功能

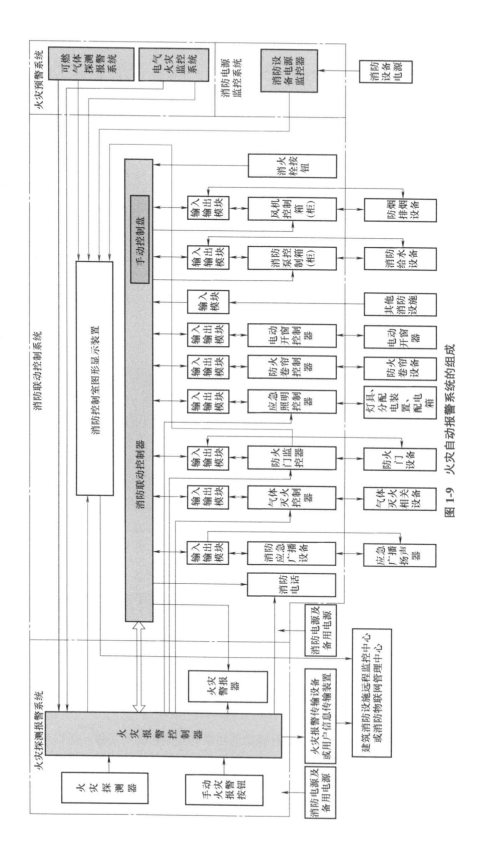

图 1-9　火灾自动报警系统的组成

（1）火灾探测报警系统　火灾探测报警系统是实现火灾早期探测并发出火灾报警信号的系统，一般由触发器件、火灾报警装置、火灾警报装置和电源等组成，如图 1-10 所示。

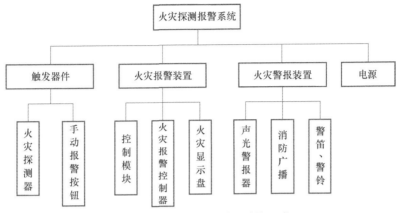

图 1-10　火灾探测报警系统的组成

① 触发器件：触发器件是在火灾自动报警系统中，自动或手动产生火灾报警信号的器件，主要包括火灾探测器和手动报警按钮，如图 1-11 所示。

a) 火灾探测器

b) 手动报警按钮

图 1-11　触发器件

② 火灾报警装置：火灾报警装置是在火灾自动报警系统中，用以接收、显示和传递火灾报警信号，能发出控制信号并具有其他辅助功能的控制指示设备。火灾报警控制器就是其中最基本的一种，如图 1-12 所示。

③ 火灾警报装置：火灾警报装置是在火灾自动报警系统中，用以发出区别于环境声、光的火灾警报信号设备。它以声、光等方式向报警区域发出火灾警报信号，以警示人们迅速采取安全疏散、灭火救灾措施，如图 1-13 所示。

图 1-12　火灾报警控制器

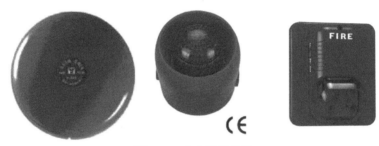

图 1-13　火灾警报装置

④ 电源：火灾自动报警系统属于消防用电设备，其主电源应当采用消防电源，备用电源可采用蓄电池。系统电源除为火灾报警控制器供电外，还为与系统相关的消防控制设备等供电。

（2）消防联动控制系统　消防联动控制系统是火灾自动报警系统中，接收火灾报警控制器发出的火灾报警信号，按预设逻辑完成各项消防功能的控制系统，由消防联动控制器、消防控制室图形显示装置、消防电气控制装置（防火卷帘控制器、气体灭火控制器等）、消防电动装置、消防联动模块、消火栓按钮、消防应急广播设备、消防电话等设备和组件组成。

① 消防联动控制器：消防联动控制器是消防联动控制系统的核心组件，如图 1-14 所示。它通过接收火灾报警控制器或其他火灾触发器件发出的火灾报警信号，根据设定的控制逻辑对建筑中设置的自动消防系统（设施）进行联动控制。消防联动控制器可直接发出控制信号，通过驱动装置控制现场的受控设备；对于控制逻辑复杂且在消防联动控制器上不便实现直接控制的情况，可通过消防电气控制装置（如防火卷帘控制器、气体灭火控制器等）间接控制受控设备，同时接收自动消防系统（设施）动作的反馈信号。

② 消防控制室图形显示装置：消防控制室图形显示装置用于接收并显示保护区域内的火灾探测报警及联动控制系统、消火栓系统、自动灭火系统、防烟排烟系统、防火门及

防火卷帘系统、电梯、消防电源、消防应急照明和疏散指示系统、消防通信等各类消防系统及系统中的各类消防设备（设施）运行的动态信息和消防管理信息，同时还具有信息传输和记录功能，如图1-15所示。

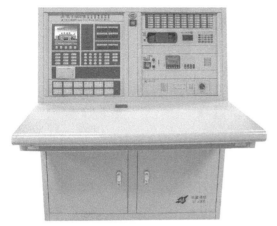

图 1-14　消防联动控制器

图 1-15　消防控制室图形显示装置

③ 消防电气控制装置：消防电气控制装置的功能是控制各类消防电气设备，一般通过手动或自动的工作方式来控制消防水泵、防烟排烟风机、电动防火门、电动防火窗、防火卷帘、电动阀等各类电动消防设施的动作，并将相应设备的工作状态反馈给消防联动控制器进行显示，如图1-16所示。

图 1-16　消防电气控制装置

④ 消防电动装置：消防电动装置是电动防火门窗、电动防火阀、电动防烟阀、电动排烟阀、气体驱动器等电动消防设施的电气驱动或释放装置。

⑤ 消防联动模块：消防联动模块是用于消防联动控制器和其所连接的受控设备或部件之间信号传输的设备，包括输入模块、输出模块和输入/输出模块。

⑥ 消火栓按钮：消火栓按钮是用于指示消火栓启动及使用部位的报警按钮。

⑦ 消防应急广播设备：消防应急广播设备由控制和指示装置、声频功率放大器、传声器、扬声器、广播分配装置、电源装置等部分组成，是在火灾或意外事故发生时通过控

制功率放大器和扬声器进行应急广播的设备。

⑧消防电话：消防电话是用于消防控制室与建筑物中各部位之间通话的电话系统，由消防电话总机、消防电话分机、消防电话插孔组成，如图 1-17 所示。

消防电话总机　　　　消防电话分机　　　　消防电话插孔

**图 1-17　消防电话**

（3）火灾预警系统　火灾预警系统主要包含可燃气体探测报警系统和电气火灾监控系统。

可燃气体探测报警系统是火灾自动报警系统的独立子系统，由可燃气体报警控制器、可燃气体探测器和火灾声光警报器组成，如图 1-18 所示。

**图 1-18　可燃气体探测报警系统**

电气火灾监控系统是火灾自动报警系统的独立子系统，由电气火灾监控器、剩余电流式电气火灾探测器、测温式电气火灾探测器组成，如图 1-19 所示。

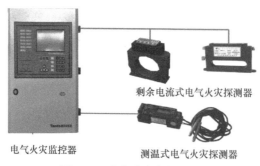

剩余电流式电气火灾探测器

电气火灾监控器　　　　测温式电气火灾探测器

**图 1-19　电气火灾监控系统**

**2. 系统工作原理及功能**

（1）火灾探测报警系统　火灾发生时，安装在保护区域现场的火灾探测器将火灾产生的烟雾、热量和光辐射等火灾特征参数转变为电信号，经数据处理后，将火灾特征参数信息传输到火灾报警控制器；或直接由火灾探测器作出火灾报警判断，将报警信息传输到火灾报警控制器。火灾报警控制器在接收到探测器的火灾特征参数信息或报警信息后，经报警确认判断，显示报警探测器的部位，记录探测器火灾报警的时间。处于火灾现场的人员，在发现火灾后可立即触动安装在现场的手动火灾报警按钮，手动火灾报警按钮便将报警信息传输到火灾报警控制器。火灾报警控制器在接收到手动火灾报警按钮的报警信息后，经报警确认判断，显示动作的手动火灾报警按钮的部位，记录手动火灾报警按钮报警的时间。火灾报警控制器在确认火灾探测器和手动火灾报警按钮的报警信息后，驱动安装在被保护区域现场的火灾警报装置，发出火灾警报，向处于被保护区域的人员警示火灾的发生。

（2）消防联动控制系统　火灾发生时，火灾探测器和手动火灾报警按钮的报警信号等联动触发信号传输到消防联动控制器，消防联动控制器按照预设的逻辑关系对接收到的触发信号进行识别判断，在满足逻辑关系条件时，消防联动控制器按照预设的控制时序启动相应的自动消防系统（设施），实现预设的消防功能；消防控制室的消防管理人员也可以通过操作消防联动控制器的手动控制盘直接启动相应的消防系统（设施），从而实现相应消防系统（设施）预设的消防功能。消防联动控制系统接收并显示消防系统（设施）动作的反馈信息。

（3）火灾预警系统

①　可燃气体探测报警系统：发生可燃气体泄漏时，安装在保护区域现场的可燃气体探测器将泄漏可燃气体的浓度参数转变为电信号，经数据处理后，将可燃气体浓度参数信息传输至可燃气体报警控制器；或直接由可燃气体探测器作出泄漏可燃气体浓度超限报警判断，将报警信息传输到可燃气体报警控制器。可燃气体报警控制器在接收到探测器的可燃气体浓度参数信息或报警信息后，经报警确认判断，显示泄漏报警探测器的部位和泄漏可燃气体的浓度信息，记录探测器报警的时间，同时驱动安装在保护区域现场的声光警报装置，发出声光警报，警示人员采取相应的处置措施，必要时可以控制并关断燃气阀门，防止燃气进一步泄漏。

②　电气火灾监控系统：当被保护电气线路中的被探测参数超过报警设定值时，能发出报警信号、控制信号并能指示报警部位的系统，由电气火灾监控设备和电气火灾监控探测器组成。

## 二、火灾自动报警系统的设置场所

火灾自动报警系统的设置场所见表 1-1。

火灾自动报警
系统的设置

表 1-1　火灾自动报警系统的设置场所

| 建筑类型 | 具体功能 | 设置条件 |
|---|---|---|
| 厂房 | 制鞋、制衣、玩具、电子等类似用途 | 任一层建筑面积大于 1500m² 或总建筑面积大于 3000m² |
| 仓库 | 棉、毛、丝、麻、化纤及其制品 | 占地面积大于 1000m² |
| | 卷烟仓库 | 占地面积大于 500m² 或总建筑面积大于 1000m² |

（续）

| 建筑类型 | 具体功能 | 设置条件 |
|---|---|---|
| 公共建筑 | 商店、展览、财贸金融、客运和货运等类似用途 | 任一层建筑面积大于1500m² 或总建筑面积大于3000m² |
| | 地下或半地下商店 | 总建筑面积大于500m² |
| | 图书或文物的珍藏库、重要的档案馆 | |
| | 图书馆 | 藏书超过50万册 |
| | 广播电视建筑、邮政建筑、电信建筑 | 地市级及以上 |
| | 电力、交通和防灾等指挥调度建筑 | 城市或区域性 |
| | 剧场 | 特等、甲等或座位数超过1500个 |
| | 电影院 | 座位数超过1500个 |
| | 会堂或礼堂 | 座位数超过2000个 |
| | 体育馆 | 座位数超过3000个 |
| | 幼儿园的儿童用房 | 大、中型幼儿园 |
| | 老年人照料设施（老年人照料设施中的老年人用房及其公共走道，均应设置火灾探测器和声警报装置或消防广播） | |
| | 疗养院的病房楼、旅馆建筑和其他儿童活动场所 | 任一层建筑面积大于1500m² 或总建筑面积大于3000m |
| | 医院门诊楼、病房楼和手术部 | 不少于200床位的医院 |
| | 歌舞娱乐放映游艺场所 | |
| | 闷顶、吊顶 | 净高大于0.8m 且有可燃物 |
| | 技术夹层 | 净高大于2.6m 且可燃物较多 |
| | 电子信息系统的主机房及其控制室，记录介质库，特殊贵重或火灾危险性大的机器、仪表、仪器设备室，贵重物品库房 | |
| | 二类高层公共建筑内建筑面积大于50m² 的可燃物品库房和建筑面积大于500m² 的营业厅 | |
| | 其他一类高层公共建筑 | |
| 所有建筑 | 设置机械排烟、防烟系统、雨淋或预作用自动喷水灭火系统、固定消防水炮灭火系统、气体灭火系统等 | |
| | 需与火灾自动报警系统联锁动作的场所或部位 | |
| 住宅建筑 | 建筑高度大于100m 的住宅建筑，应设置火灾自动报警系统 | |
| | 建筑高度大于54m 但不大于100m 的住宅建筑，其公共部位应设置火灾自动报警系统，套内宜设置火灾探测器 | |
| | 建筑高度不大于54m 的高层住宅建筑，其公共部位宜设置火灾自动报警系统。当设置需联动控制的消防设施时，公共部位应设置火灾自动报警系统 | |
| | 高层住宅建筑的公共部位应设置具有语音功能的火灾声警报装置或应急广播 | |
| 其他 | 建筑内可能散发可燃气体、可燃蒸气的场所应设置可燃气体报警装置 | |

### 三、报警区域和探测区域的划分

**1. 报警区域划分**

报警区域是指将火灾自动报警系统的警戒范围按防火分区或楼层划分的单元。在火灾自动报警系统工程的设计中，只有按照保护对象的保护类别、耐火等级，合理、正确地划分报警区域，才能在火灾初期及早发现火灾发生的部位，尽快将火灾扑灭，以保障人民生命财产的安全。

根据《火灾自动报警系统设计规范》(GB 50116—2013)，报警区域的划分应符合下列规定。

1) 报警区域应根据防火分区或楼层划分。可将一个防火分区或一个楼层划分为一个报警区域，也可将发生火灾时需要同时联动消防设备的相邻几个防火分区或楼层划分为一个报警区域。

2) 电缆隧道的一个报警区域宜由一个封闭长度区间组成，一个报警区域不应超过相连的 3 个封闭长度区间；道路隧道的报警区域应根据排烟系统或灭火系统的联动需要确定，且不宜超过 150m。

3) 甲、乙、丙类液体储罐区的报警区域应由一个储罐区组成，每个 50000m³ 及以上的外浮顶储罐应单独划分为一个报警区域。

4) 列车的报警区域应按车厢划分，每节车厢应划分为一个报警区域。

**2. 探测区域划分**

探测区域是指将报警区域按探测火灾的部位划分的单元。为了迅速而准确地探测出被保护地面的哪一部分发生了火灾，必须将被保护的地面按顺序划分成若干个区域，即探测区域。探测区域并不一定是一只探测器所保护的区域，也可能是几只或多只探测器保护的区域。

1) 根据《火灾自动报警系统设计规范》(GB 50116—2013)，探测区域的划分应符合下列规定。

① 探测区域应按独立房（套）间划分。一个探测区域的面积不宜超过 500m²；从主要入口能看清其内部，且面积不超过 1000m² 的房间，也可划为一个探测区域。

② 红外光束感烟火灾探测器和缆式线型感温火灾探测器的探测区域的长度，不宜超过 100m；空气管差温火灾探测器的探测区域长度宜为 20~100m。

2) 下列场所应单独划分探测区域。

① 敞开或封闭楼梯间、防烟楼梯间。

② 防烟楼梯间前室、消防电梯前室、消防电梯与防烟楼梯间合用的前室、走道、坡道。

③ 电气管道井、通信管道井、电缆隧道。

④ 建筑物闷顶、夹层。

### 四、火灾自动报警系统的线制

线制是指控制器与火灾探测器及其他器件之间的连接线制式，这个制式也可以理解为探测器和控制器间的导线数量。线制是火灾自动报警系统运行机制的体现。

火灾自动报警
系统的线制
及基本形式

**1. 多线制**

多线制消防报警系统，是指每个探测区域的探测器（设备）与控制器之间都有独立的信号回路，每个探测区域的信号对于控制器来说是并行输入的，主要有四线制（$n+4$ 线制）和两线制（$n+1$ 线制），如图 1-20 和图 1-21 所示。

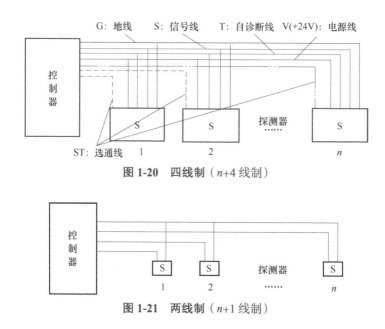

图 1-20　四线制（$n+4$ 线制）

图 1-21　两线制（$n+1$ 线制）

多线制是点对点连接方式，线路简单，供电和取信息直观，适应于报警点位少、要求高度可靠的重要场所。但是多线制线多，配管直径大，穿线复杂，施工布线难，线路故障多。

**2. 总线制**

目前的火灾报警控制系统，绝大部分采用总线制系统，主要有四总线制和二总线制。

四总线制（图 1-22）中，4 条总线的作用分别为：P 线给出探测器的电源、编码、选址信号；T 线给出自检信号以判断探测部位或传输线是否有故障；控制器从 S 线上获取探测部位的信息；G 线为公共地线。

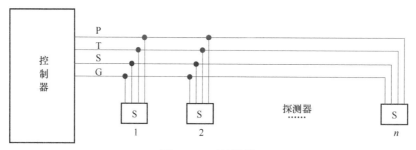

图 1-22　四总线制

二总线制（图 1-23）的 G 线为公共地线，P 线则完成供电、选址、自检、获取信息等功能。二总线制是目前应用最多的信号传输方式，布线简单方便，可接入大量的点位，但是它的稳定性和可靠性比多线制低，为确保可靠性，对于一些重要设备，还是需要有类似多线制的联动方式。

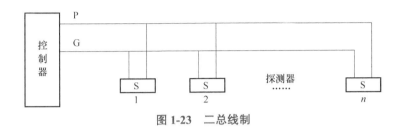

图 1-23 二总线制

**3. 二线制**

二线制是在总线制的基础上进一步简化，所有部件的信号传输、供电都由一组线提供，如图 1-24 所示。

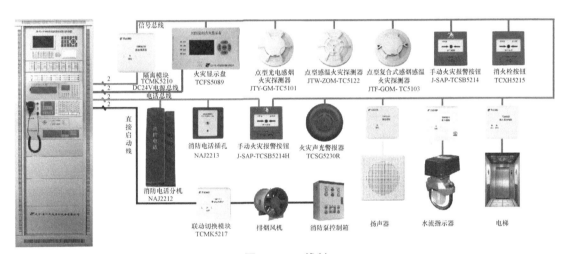

图 1-24 二线制

## 五、火灾自动报警系统的基本形式及选择

### 1. 火灾自动报警系统的基本形式

火灾自动报警系统按应用范围不同划分为三种基本形式：区域报警系统、集中报警系统和控制中心报警系统。

（1）区域报警系统 区域报警系统应由火灾探测器、手动火灾报警按钮、火灾声光警报器及火灾报警控制器等组成，系统中可包括消防控制室图形显示装置和指示楼层的区域显示器，如图 1-25 所示。区域报警系统一般适用于较小范围的保护，仅为建筑物中某一局部范围或某一措施，应设置在有人值班的场所。

（2）集中报警系统 集中报警系统应由火灾探测器、手动火灾报警按钮、火灾声光警报器、消防应急广播设备、消防专用电话、消防控制室图形显示装置、火灾报警控制器、消防联动控制器等组成，如图 1-26 所示。其中火灾报警控制器、消防联动控制器和消防控制室图形显示装置、消防应急广播的控制装置、消防专用电话总机等起集中控制作用的火灾报警装置，应设置在消防控制室内。

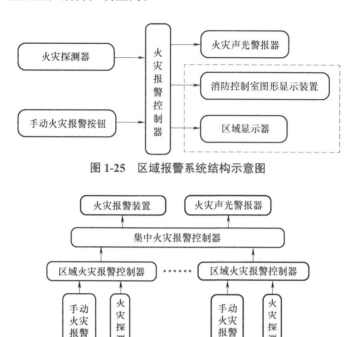

图 1-25　区域报警系统结构示意图

图 1-26　集中报警系统结构示意图

（3）控制中心报警系统　控制中心报警系统指由消防控制室的消防控制设备、集中火灾报警控制器、区域火灾报警控制器和火灾探测器等组成，或由消防控制室的消防控制设备、火灾报警控制器、区域显示器和火灾探测器等组成，功能复杂的火灾自动报警系统，如图 1-27 所示。对于设有多个消防控制室的保护对象，应确定一个主消防控制室，对其他消防控制室进行管理。

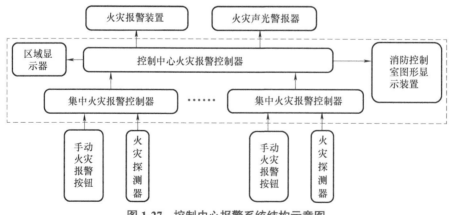

图 1-27　控制中心报警系统结构示意图

主消防控制室应能显示所有火灾报警信号和联动控制状态信号，并能控制重要的消防设备；各分消防控制室内消防设备之间可互相传输、显示状态信息，但不应互相控制。

**2. 系统形式选择与设计要求**

1）仅需要报警，不需要联动自动消防设备的保护对象宜采用区域报警系统。

2）既需要报警，又需要联动自动消防设备，且只设置一台具有集中控制功能的火灾报警控制器和消防联动控制器的保护对象，应采用集中报警系统，且应设置一个消防控制室。

3）设置两个及两个以上消防控制室的保护对象，或已设置两个及两个以上集中报警系统的保护对象，应采用控制中心报警系统。

## 1.3  火灾报警控制器的状态识别与操作

### 一、火灾报警控制器的分类

火灾报警控制器（图 1-28）可按其技术性能和使用要求进行分类，常用的分类方法见表 1-2。

火灾报警控制器
的分类

表 1-2  火灾报警控制器的分类

| 分类方式 | 种类名称 | 具体说明 |
|---|---|---|
| 1. 按容量分类 | 单路火灾报警控制器 | 仅处理一个回路的探测器工作信号，一般仅用于某些特殊的联动控制系统 |
| | 多路火灾报警控制器 | 能同时处理多个回路的探测器工作信号，并显示具体报警部位。相对而言，它的性价比较高，也是目前常见的使用类型 |
| 2. 按用途分类 | 区域型火灾报警控制器 | 直接连接火灾探测器，具有向集中型火灾报警控制器传递信息及接收、处理集中型火灾报警控制器相关指令功能 |
| | 集中型火灾报警控制器 | 可接收区域型火灾报警控制器传递的信息并集中显示，并可向区域型火灾报警控制器发出控制指令 |
| | 通用型火灾报警控制器 | 兼有区域型、集中型两种火灾报警控制器的功能 |
| | 独立型火灾报警控制器 | 不具有向其他控制器传递信息的功能 |
| 3. 按主机电路设计分类 | 普通型火灾报警控制器 | 电路设计采用通用逻辑组合形式，具有成本低廉、使用简单等特点，易于以标准单元的插板组合方式进行功能扩展，其功能一般较简单 |
| | 微机型火灾报警控制器 | 电路设计采用微机结构，对硬件及软件程序均有相应要求，具有功能扩展方便、技术要求复杂、硬件可靠性高等特点。目前绝大多数火灾报警控制器均采用此形式 |
| 4. 按信号处理方式分类 | 有阈值火灾报警控制器 | 使用有阈值的火灾探测器，处理的探测信号为阶跃开关量信号，对火灾探测器发出的报警信号不能进一步处理，火灾报警取决于探测器 |
| | 无阈值模拟量火灾报警控制器 | 基本使用无阈值的火灾探测器，处理的探测信号为连续的模拟量信号。其报警取决于控制器，可以具有智能结构，是现代火灾报警控制器的发展方向 |
| 5. 按系统连线方式分类 | 多线制火灾报警控制器 | 探测器与控制器的连接采用一一对应方式。每个探测器至少有一根线与控制器连接，因此其连线较多，仅适用于小型火灾自动报警系统 |
| | 总线制火灾报警控制器 | 控制器与探测器采用总线（少线）方式连接。所有探测器均并联或串联在总线上（一般总线数量为 2~4 根），具有安装、调试、使用方便，工程造价较低的特点，适用于大型火灾自动报警系统 |

（续）

| 分类方式 | 种类名称 | 具体说明 |
|---|---|---|
| 6. 按结构形式分类 | 壁挂式火灾报警控制器 | 连接探测器回路数少一些，控制功能较简单。区域型火灾报警控制器常采用这种结构 |
| | 台式火灾报警控制器 | 与壁挂式相比，回路数较多，联动控制较复杂，操作使用方便，常见于集中型火灾报警控制器 |
| | 柜式火灾报警控制器 | 与台式火灾报警控制器基本相同，内部电路结构大多设计成插板组合式，易于功能扩展，占用面积小 |
| 7. 按使用环境分类 | 陆用型火灾报警控制器 | 环境温度 −10~+50℃，相对湿度 ≤ 92%（40℃），风速 <5m/s，气压 85~106kPa |
| | 船用型火灾报警控制器 | 工作环境温度、湿度等要求均高于陆用型 |
| 8. 按防爆性能分类 | 非防爆型火灾报警控制器 | 无防爆性能，目前民用建筑中使用的绝大部分火灾报警控制器都属于这一类 |
| | 防爆型火灾报警控制器 | 适用于易燃易爆场合 |

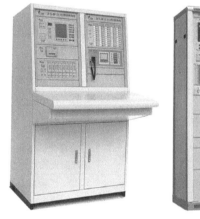

a) 壁挂式火灾报警控制器　　　　b) 台式火灾报警控制器　　　　c) 柜式火灾报警控制器

图 1-28　火灾报警控制器

## 二、火灾报警控制器的工作状态识别

### 1. 当前开/关机状态识别

① 关机状态：火灾报警控制器的备电开关、主电开关均处于关闭或断电状态（图 1-29a）。

② 开机状态：火灾报警控制器的备电开关、主电开关均接通电源（图 1-29b）。

### 2. 当前控制方式识别

① 手动控制：火灾报警控制器在接到火灾报警和相关设备的动作信号后，需要经过

火灾报警控制器的工作状态识别与操作

手动确认并进行相应操作的控制状态（图 1-30a）。

② 自动控制：火灾报警控制器在接到火灾报警和相关设备的动作信号后，按系统编程设定自动启动和操作相关设备时所处的控制状态（图 1-30b）。

a) 关机状态　　　　　　　　　　　　　　b) 开机状态

**图 1-29　开 / 关机状态识别**

a) 手动控制　　　　　　　　　　　　　　b) 自动控制

**图 1-30　控制方式识别**

**3. 当前工作状态识别**

① 正常监视状态：火灾报警控制器接通电源后，无火灾报警、监管报警、屏蔽、自检等发生时所处的工作状态。

② 火灾报警状态：红色火警指示灯亮起，系统发出消防车警报声，屏幕显示火灾报警信息。

③ 监管报警状态：黄色监管指示灯亮起，系统发出警车警报声，屏幕显示监管报警信息。

④ 故障报警状态：黄色故障指示灯亮起，系统发出救护车警报声，屏幕显示故障报警信息。

⑤ 屏蔽状态：黄色屏蔽指示灯亮起，屏幕显示屏蔽报警信息。

火灾报警控制器的报警信息显示按火灾报警、监管报警、故障报警、屏蔽状态顺序由高至低排列，高等级的状态信息优先显示。火灾报警状态、监管报警状态、故障报警状态、屏蔽状态可以并存（图 1-31）。

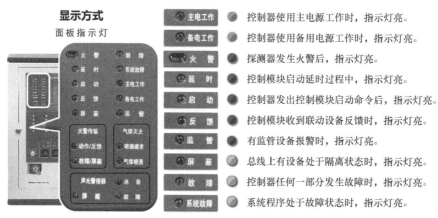

图 1-31　火灾报警控制器指示灯显示

**【例 1-1】** 根据图 1-32 显示的当前指示灯状态说明火灾报警控制器的工作状态。

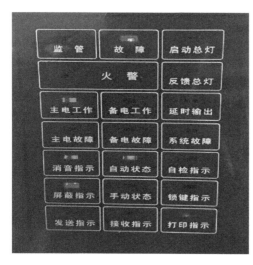

a) 工作状态1

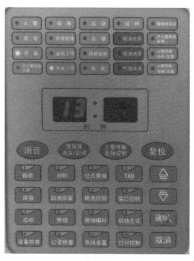

b) 工作状态2

图 1-32　火灾报警控制器指示灯示意图

**解**：图 1-32a 中，当前黄色故障指示灯亮，绿色消音指示灯亮，黄色屏蔽指示灯亮，工作状态为故障报警、屏蔽、消音状态。

图 1-32b 中，当前黄色屏蔽指示灯亮，工作状态为屏蔽报警状态。

**4. 当前电源工作状态识别**

火灾报警控制器的当前电源工作状态主要通过电源指示灯来识别。电源工作状态可能有：主电工作，备电准工作；主电工作，备电故障；主电故障，备电工作，如图 1-33 所示。

图 1-33　电源工作状态指示示意图

### 三、火灾报警控制器的操作

**1. 火灾报警控制器（联动型）的开关机操作**

① 开机顺序：先开主电开关，再开备电开关，最后开控制器开关。

② 关机顺序：先关控制器开关，再关备电开关，最后关主电开关。

**2. 火灾报警控制器（联动型）的手动/自动状态切换**

火灾报警控制器手动控制状态、自动控制状态的切换操作如图1-34所示。

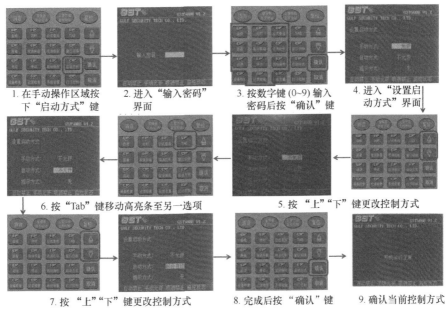

1. 在手动操作区域按下"启动方式"键　　2. 进入"输入密码"界面　　3. 按数字键(0~9)输入密码后按"确认"键　　4. 进入"设置启动方式"界面

6. 按"Tab"键移动高亮条至另一选项　　5. 按"上""下"键更改控制方式

7. 按"上""下"键更改控制方式　　8. 完成后按"确认"键　　9. 确认当前控制方式

**图1-34 海湾手动/自动控制方式切换操作步骤**

**3. 火灾报警控制器（联动型）的消音、复位、自检操作**

火灾报警控制器的消音操作方法为按"消音"键，其作用是保证再有报警信号输入时能再次启动报警。

火灾报警控制器的复位操作方法为先按"复位"键，再按"确认"键，其作用是使火灾自动报警系统恢复到正常监视状态，如图1-35所示。

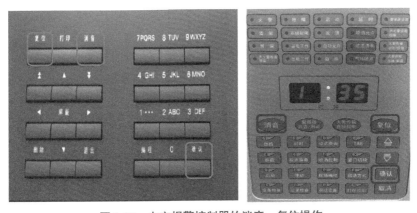

**图1-35 火灾报警控制器的消音、复位操作**

火灾报警控制器的自检操作是通过检查火灾报警控制器本身的声、光、显示、打印等功能和检查配接部件的工作状态，确认火灾报警控制器功能是否正常，以保证火灾自动报警系统的完好、有效性。常见的自检操作方法如图 1-36 所示。

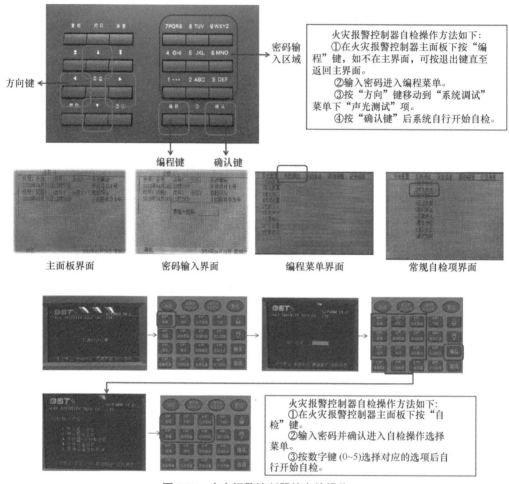

图 1-36　火灾报警控制器的自检操作

# 1.4　火灾探测器的选择与布置

火灾探测器的
分类与选择

## 一、火灾探测器的分类

火灾探测器可以按照结构造型、探测火灾参数、是否可复位（恢复）功能、是否可拆卸分类，具体见表 1-3。

表 1-3　火灾探测器的分类

| 分类方法 | 种类名称 | 特点 |
|---|---|---|
| 根据结构造型分类 | 点型火灾探测器 | 响应一个小型传感器附近的火灾产生的物理和化学现象的火灾探测器件在目前的建筑物中适用的火灾探测器，绝大多数是点型火灾探测器（图1-37） |
| | 线型火灾探测器 | 响应某一连续线路附近的火灾产生的物理和化学现象的火灾探测器件（图1-38） |
| 根据探测火灾参数分类（图1-39） | 感温火灾探测器 | 响应异常温度、温升速率和温差变化等参数的探测器 |
| | 感烟火灾探测器 | 响应悬浮在大气中的燃烧和（或）热解产生的固体或液体微粒的探测器，进一步可分为离子感烟、光电感烟、红外光束、吸气型等火灾探测器 |
| | 感光火灾探测器 | 响应火焰发出的特定波段电磁辐射的探测器，又称火焰探测器，进一步可分为紫外、红外及复合式等火灾探测器 |
| | 气体火灾探测器 | 响应燃烧或热解产生的气体的火灾探测器 |
| | 复合火灾探测器 | 将多种探测原理集于一身的探测器，进一步可分为烟温复合、红外紫外复合等火灾探测器 |
| | 图像型火灾探测器 | 使用摄像机、红外热成像器件等视频设备或其组合方式获取监控现场视频信息的火灾探测器 |
| | 漏电流感应型火灾探测器 | 探测泄漏电流大小的火灾探测器 |
| | 静电感应型火灾探测器 | 探测静电电位高低的火灾探测器 |
| | 微压差型火灾探测器 | 在特殊场合使用的，要求探测极其灵敏、动作极为迅速，通过探测爆炸产生的参数变化（如压力的变化）信号来抑制、消灭爆炸事故发生的火灾探测器 |
| | 超声波火灾探测器 | 利用超声原理探测火灾的火灾探测器 |
| 根据复位（恢复）功能分类 | 可复位探测器 | 在响应后和在引起响应的条件终止时，不更换任何组件即可从报警状态恢复到监视状态的探测器 |
| | 不可复位探测器 | 在响应后不能恢复到正常监视状态的探测器 |
| 根据可拆卸性分类 | 可拆卸探测器 | 探测器容易从正常运行位置上拆下来，以方便维修和保养 |
| | 不可拆卸探测器 | 在维修和保养时，探测器不容易从正常运行位置上拆下来 |

图 1-37　点型火灾探测器

图 1-38　线型火灾探测器

a) 感温火灾探测器　　　　b) 感烟火灾探测器　　　　c) 感光火灾探测器

图 1-39　火灾探测器按探测火灾参数分类

d) 气体火灾探测器　　　e) 复合火灾探测器

**图 1-39　火灾探测器按探测火灾参数分类（续）**

## 二、火灾探测器的选择

**1. 根据火灾的特点选择探测器**

1）火灾初期有阴燃阶段，产生大量烟和少量热，很少或没有火焰辐射的场所，应选择感烟火灾探测器。

2）火灾发展迅速，可产生大量热、烟和火焰辐射的场所，可选择感温火灾探测器、感烟火灾探测器、火焰探测器或其组合。

3）火灾发展迅速，有强烈的火焰辐射和少量烟、热的场所，应选择火焰探测器。

4）火灾初期有阴燃阶段，且需要早期探测的场所，宜增设一氧化碳火灾探测器。

5）使用、生产可燃气体或可燃蒸气的场所，应选择可燃气体火灾探测器。

6）火灾形成特征不可预料的场所，应根据保护场所可能发生火灾的部位和燃烧材料的分析，选择相应的火灾探测器，可进行模拟试验。

7）同一探测区域内设置多个火灾探测器时，可选择具有复合判断火灾功能的火灾探测器和火灾报警控制器。

**2. 点型火灾探测器的选择**

（1）点型感烟、感温火灾探测器　点型感烟火灾探测器、点型感温火灾探测器、独立式感烟火灾探测报警器和独立式感温火灾探测报警器应选择符合现行国家相关标准规定的产品。

点型感温火灾探测器分类见表 1-4。

**表 1-4　点型感温火灾探测器分类**　　　　　（单位：℃）

| 探测器类别 | 典型应用温度 | 最高应用温度 | 动作温度下限值 | 动作温度上限值 |
|---|---|---|---|---|
| A1 | 25 | 50 | 54 | 65 |
| A2 | 25 | 50 | 54 | 70 |
| B | 40 | 65 | 69 | 85 |
| C | 55 | 80 | 84 | 100 |
| D | 70 | 95 | 99 | 115 |
| E | 85 | 110 | 114 | 130 |
| F | 100 | 125 | 129 | 145 |
| G | 115 | 140 | 144 | 160 |

对不同高度的房间，可按表 1-5 选择点型火灾探测器。

表 1-5　不同房间高度点型火灾探测器的选择

| 房间高度 /m | 感烟探测器 | 感温探测器 | | | 火焰探测器 |
| --- | --- | --- | --- | --- | --- |
| | | A1、A2 级 | B 级 | C、D、E、F、G 级 | |
| 12<h ≤ 20 | 不适合 | 不适合 | 不适合 | 不适合 | 适合 |
| 8<h ≤ 12 | 适合 | 不适合 | 不适合 | 不适合 | 适合 |
| 6<h ≤ 8 | 适合 | 适合 | 不适合 | 不适合 | 适合 |
| 4<h ≤ 6 | 适合 | 适合 | 适合 | 不适合 | 适合 |
| h ≤ 4 | 适合 | 适合 | 适合 | 适合 | 适合 |

1）下列场所宜选择点型感烟火灾探测器。

① 饭店、旅馆、教学楼、办公楼厅堂、卧室、办公室、商场等。

② 计算机房、通信机房、电影或电影放映室等。

③ 楼梯、走道、电梯机房、车库。

④ 书库、档案库等。

2）下列场所宜选择点型感温火灾探测器。

① 相对湿度经常大于 95% 参考。

② 无烟火灾。

③ 有大量粉尘。

④ 吸烟室等正常情况下有烟或蒸汽滞留的场所。

⑤ 厨房、锅炉房、发电机房、烘干车间等不宜安装感烟火灾探测器的场所。

⑥ 需要联动熄灭"安全出口"标志灯具的安全出口内侧。

⑦ 其他无人滞留且不适合安装感烟探测器，但发生火灾需要及时报警的场所。

3）下列场所不宜选择点型离子感烟火灾探测器。

① 相对湿度经常大于 95%。

② 气流速度大于 5m/s。

③ 有大量粉尘、水雾滞留。

④ 可能产生腐蚀性气体。

⑤ 在正常情况下有烟滞留。

⑥ 产生醇类、醚类、酮类等有机物质。

4）下列场所不宜选择点型光电感烟火灾探测器。

① 有大量粉尘、水雾滞留。

② 可能产生蒸气和油雾。

③ 高海拔地区。

④ 在正常情况下有烟滞留。

5）可能产生阴燃火或发生火灾不及时报警将造成重大损失的场所，不宜选择点型感温火灾探测器。

6）温度在 0℃ 以下的场所，不宜选择定温探测器。

7）温度变化较大的场所，不宜选择差温特性的探测器。

（2）点型火焰探测器和图像型火焰探测器

1）下列场所宜选择点型火焰探测器（图 1-40）或图像型火焰探测器（图 1-41）。

图 1-40　点型火焰探测器

图 1-41　图像型火焰探测器

① 发生火灾有强烈的火焰辐射。

② 可能发生液体燃烧等无阴燃阶段的火灾。

③ 需要对火焰做出快速反应。

2）下列场所不宜选择点型火焰探测器和图像型火焰探测器。

① 在火焰出现前有浓烟扩散。

② 探测器的镜头易被污染。

③ 探测器的"视线"易被油雾、烟雾、水雾和冰雪遮挡。

④ 探测区域内的可燃物是金属和无机物。

⑤ 探测器易受阳光、白炽灯等光源直接或间接照射。

3）探测区域内正常情况下有高温物体的场所，宜选择双波段红外火焰探测器，有效消除热体辐射的影响，不宜选择单波段红外火焰探测器。

4）正常情况下有明火作业，探测器易受 X 射线、弧光和闪电等影响的场所，不宜选择紫外火焰探测器。

（3）点型一氧化碳火灾探测器

1）下列场所宜选择可燃气体探测器。

① 使用可燃气体的场所。

② 燃气站和燃气表房以及储存液化石油气罐（图 1-42）的场所。

③ 其他散发可燃气体和可燃蒸汽的场所。

2）下列场所可选择点型一氧化碳火灾探测器。

① 烟不容易对流或顶棚下方有热屏障的场所。

② 在棚顶上无法安装其他点型火灾探测器的场所。

③ 需要多信号复合报警的场所。

图 1-42　液化石油气罐

3）污物较多且必须安装感烟火灾探测器的场所，应选择间断吸气的点型采样吸气式感烟火灾探测器，或具有过滤网和管路自清洗功能的管路采样吸气式感烟火灾探测器 ( 图 1-43)。

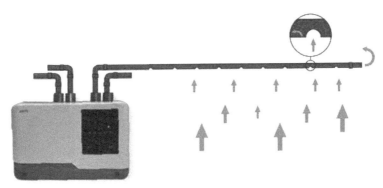

图 1-43 管路采样吸气式感烟火灾探测器

**3. 线型火灾探测器的选择**

线型火灾探测器主要包括线型光束感烟火灾探测器（图 1-44）、缆式线型感温火灾探测器、线型光纤感温火灾探测器。

1）无遮挡的大空间或有特殊要求的房间宜选用线型火灾探测器。

2）下列场所不宜选用线型光束感烟火灾探测器。

① 有大量粉尘、水雾滞留。

② 可能产生蒸气和油雾。

③ 在正常情况下有烟滞留。

④ 固定探测器的建筑结构由于振动等原因会产生较大位移的场所。

3）下列场所宜选用缆式线型感温火灾探测器（图 1-45）。

图 1-44 线型光束感烟火灾探测器

图 1-45 缆式线型感温火灾探测器

① 电缆隧道、电缆竖井、电缆夹层、电缆桥架。

② 不易安装点型探测器的夹层、闷顶。

③ 各种皮带输送装置。

④ 其他环境恶劣，不适合点型探测器安装的场所。

4）下列场所宜选用线型光纤感温火灾探测器。

① 除液化石油气外的石油储罐。

② 需要设置线型感温火灾探测器的易燃易爆场所。

③ 需要监测环境温度的地下空间等场所宜设置具有实时温度监测功能的线型光纤感温火灾探测器。

④ 公路隧道、敷设动力电缆的铁路隧道和城市地铁隧道等。

**4. 吸气式感烟火灾探测器的选择**

下列场所宜选择吸气式感烟火灾探测器。

① 具有高速气流的场所。

② 点型感烟、感温火灾探测器不适宜的大空间、舞台上方、建筑高度超过 12m 或有特殊要求的场所。

③ 低温场所。

④ 需要进行隐蔽探测的场所。

⑤ 需要进行火灾早期探测的重要场所。

⑥ 人员不宜进入的场所。

注意：灰尘比较大的场所，不应选择没有过滤网和管路自清洗功能的管路采样式吸气感烟火灾探测器。

### 三、火灾探测器的计算与布置

火灾探测器的
计算与布置

**1. 感烟探测器、感温探测器的保护面积和保护半径**

点型感烟火灾探测器和 A1、A2、B 型感温火灾探测器的保护面积和保护半径，应按表 1-6 确定；C、D、E、F、G 型感温火灾探测器的保护面积和保护半径，应根据生产企业设计说明书确定，但不应超过表 1-6 的规定。

表 1-6  感烟探测器、感温探测器的保护面积和保护半径

| 火灾探测器的种类 | 地面面积 $S/m^2$ | 房间高度 $h/m$ | 一只探测器的保护面积 $A$ 和保护半径 $R$ | | | | | |
| --- | --- | --- | --- | --- | --- | --- | --- | --- |
| | | | 房间坡度 $\theta$ | | | | | |
| | | | $\theta \leqslant 15°$ | | $15° < \theta \leqslant 30°$ | | $\theta > 30°$ | |
| | | | $A/m^2$ | $R/m$ | $A/m^2$ | $R/m$ | $A/m^2$ | $R/m$ |
| 感烟探测器 | $S \leqslant 80$ | $h \leqslant 12$ | 80 | 6.7 | 80 | 7.2 | 80 | 8.0 |
| | $S > 80$ | $6 < h \leqslant 12$ | 80 | 6.7 | 100 | 8.0 | 120 | 9.9 |
| | | $h \leqslant 6$ | 60 | 5.8 | 80 | 7.2 | 100 | 9.0 |
| 感温探测器 | $S \leqslant 30$ | $h \leqslant 8$ | 30 | 4.4 | 30 | 4.9 | 30 | 5.5 |
| | $S > 30$ | $h \leqslant 8$ | 20 | 3.6 | 30 | 4.9 | 40 | 6.3 |

**2. 点型感烟、感温火灾探测器的安装间距要求**

1）感烟火灾探测器、感温火灾探测器的安装间距，应根据探测器的保护面积 $A$ 和保护半径 $R$ 确定，且不应超过图 1-46 中规定的范围。

2）在宽度小于 3m 的内走道顶棚上设置点型探测器时，宜居中布置。感温火灾探测器的安装间距不应超过 10m；感烟火灾探测器的安装间距不应超过 15m；探测器至端墙的距离，不应大于探测器安装间距的 1/2，建议在走道交汇处装一只探测器。如图 1-47 所示为探测器安装示意图。

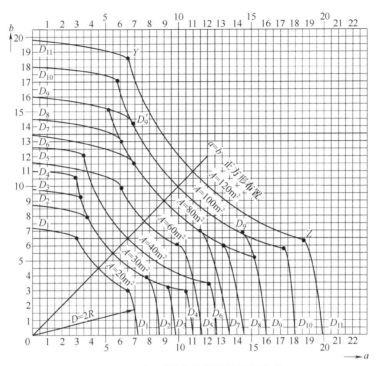

**图 1-46　探测器安装间距的极限曲线**

注：$A$—探测器的保护面积（$m^2$）；$a$、$b$—探测器的安装间距（m）；$D_1 \sim D_{11}$（含 $D_9$）—在不同保护面积 $A$ 和保护半径 $R$ 下确定探测器安装间距 $a$、$b$ 的极限曲线，且极限曲线 $D_5$ 和 $D_7 \sim D_{11}$ 适用于感烟探测器；$Y$、$Z$—极限曲线的端点（在 $Y$ 和 $Z$ 两点间的曲线范围内，保护面积可得到充分利用）。

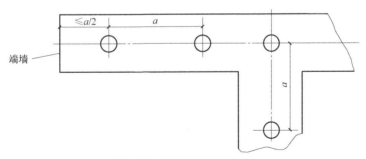

**图 1-47　探测器安装示意图**

3）点型探测器至墙壁、梁边的水平距离，不应小于 0.5m。

4）点型探测器周围 0.5m 内，不应有遮挡物。

5）点型探测器至空调送风口边的水平距离不应小于 1.5m，并宜接近回风口安装，具体安装示意图如图 1-48 所示。探测器至多孔送风顶棚孔口的水平距离不应小于 0.5m。

6）当屋顶有热屏障时，点型感烟火灾探测器下表面至顶棚或屋顶的距离，应符合表 1-7 的规定。

图 1-48　探测器距离空调送风口距离

表 1-7　点型感烟火灾探测器下表面至顶棚或屋顶的距离 $d$　　　　（单位：mm）

| 探测器的安装高度 $H$/m | 顶棚或屋顶坡度 $\theta$ | | | | | |
|---|---|---|---|---|---|---|
| | $\theta \leqslant 15°$ | | $15° < \theta \leqslant 30°$ | | $\theta > 30°$ | |
| | 最小 | 最大 | 最小 | 最大 | 最小 | 最大 |
| $H \leqslant 6$ | 30 | 200 | 200 | 300 | 300 | 500 |
| $6 < H \leqslant 8$ | 70 | 250 | 250 | 400 | 400 | 600 |
| $8 < H \leqslant 10$ | 100 | 300 | 300 | 500 | 500 | 700 |
| $10 < H \leqslant 12$ | 150 | 350 | 350 | 600 | 600 | 800 |

**3. 点型感烟、感温火灾探测器的设置数量**

1）探测区域的每个房间应至少设置一只火灾探测器。

2）每个探测区域内应该设置的探测器数量，具体根据式（1-1）计算：

$$N \geqslant \frac{S}{K \cdot A} \tag{1-1}$$

式中，$N$ 为一个探测区域所需设置的探测器数（只），$N \geqslant 1$（取整数）；$S$ 为一个探测区域的面积（$m^2$）；$A$ 为一个探测器的保护面积（$m^2$）；$K$ 为修正系数，容纳人数超过 10000 人的公共场所宜取 0.7~0.8，容纳人数为 2000~10000 人的公共场所宜取 0.8~0.9，容纳人数为 500~2000 人的公共场所宜取 0.9~1.0，其他场所可取 1.0。

3）在走道内设置的探测器居中布置。感烟探测器的安装距离在 15m 以内，同时探测器到墙的距离在探测器安装距离的一半以内。探测器至墙的距离不应小于 0.5m，保证探测器周围 0.5m 内没有遮挡物。工程设计中，为了减少探测器布置的工作量，常借助于安装间距 $a$、$b$ 的极限曲线确定满足 $A$、$R$ 的安装间距，其中 $D$ 称为保护直径，具体见表 1-8。

4）房间被书架、设备或隔断等分隔，其顶部至顶棚或梁的距离小于房间净高的 5% 时，每个被隔开的部分应至少安装一只点型探测器。

5）点型探测器至空调送风口边的水平距离不应小于 1.5m，并宜接近回风口安装。探测器至多孔送风顶棚孔口的水平距离不应小于 0.5m。

6）点型探测器宜水平安装。当倾斜安装时，倾斜角不应大于 45°。当大于 45° 时，应加木台或类似方法安装探测器。顶棚倾斜时探测器安装示意图如图 1-49 所示。

表 1-8 由保护面积和保护半径决定最佳安装间距

| 探测器种类 | 保护面积 $A/m^2$ | 保护半径 $R$ 的极限值 /m | 参照的极限曲线 | 最佳安装间距 $a$、$b$ 及其保护半径 $R$ 值 /m | | | | | | | | | |
| --- | --- | --- | --- | --- | --- | --- | --- | --- | --- | --- | --- | --- | --- |
| | | | | $a_1 \times b_1$ | $R_1$ | $a_2 \times b_2$ | $R_2$ | $a_3 \times b_3$ | $R_3$ | $a_4 \times b_4$ | $R_4$ | $a_5 \times b_5$ | $R_5$ |
| 感温探测器 | 30 | 3.6 | $D_1$ | 4.5×4.5 | 3.2 | 5.0×4.0 | 3.2 | 5.5×3.6 | 3.3 | 6.0×3.3 | 3.4 | 6.5×3.1 | 3.6 |
| | 30 | 4.4 | $D_2$ | 5.5×5.5 | 3.9 | 6.1×4.9 | 3.9 | 6.7×4.8 | 4.1 | 7.3×4.1 | 4.2 | 7.9×3.8 | 4.4 |
| | 30 | 4.9 | $D_3$ | 5.5×5.5 | 3.9 | 6.5×4.6 | 4.0 | 7.4×4.1 | 4.2 | 8.4×3.6 | 4.6 | 9.2×3.2 | 4.9 |
| | 30 | 5.5 | $D_4$ | 5.5×5.5 | 3.9 | 6.8×4.4 | 4.0 | 8.1×3.7 | 4.5 | 9.4×3.2 | 5.0 | 10.6×2.8 | 5.5 |
| | 40 | 6.3 | $D_6$ | 6.5×6.5 | 4.6 | 8.0×5.0 | 4.7 | 9.4×4.3 | 5.2 | 10.9×3.7 | 5.8 | 12.2×3.3 | 6.3 |
| | 60 | 5.8 | $D_5$ | 7.7×7.7 | 5.4 | 8.3×7.2 | 5.5 | 8.8×6.8 | 5.6 | 9.4×6.4 | 5.7 | 9.9×6.1 | 5.8 |
| | 80 | 6.7 | $D_7$ | 9.0×9.0 | 6.4 | 9.6×8.3 | 6.3 | 10.2×7.8 | 6.4 | 10.8×7.4 | 6.5 | 11.4×7.0 | 6.7 |
| 感烟探测器 | 80 | 7.2 | $D_8$ | 9.0×9.0 | 6.4 | 10.0×8.0 | 6.4 | 11.0×7.3 | 6.6 | 12.0×6.7 | 6.9 | 13.0×6.1 | 7.2 |
| | 80 | 8.0 | $D_9$ | 9.0×9.0 | 6.4 | 10.6×7.5 | 6.5 | 12.1×6.6 | 6.9 | 13.7×5.8 | 7.4 | 15.4×5.3 | 8.0 |
| | 100 | 8.0 | $D_9$ | 10.0×10.0 | 7.1 | 11.1×9.0 | 7.1 | 12.2×8.2 | 7.3 | 13.3×7.5 | 7.6 | 14.4×6.9 | 8.0 |
| | 100 | 9.0 | $D_{10}$ | 10.0×10.0 | 7.1 | 11.8×8.5 | 7.3 | 13.5×7.4 | 7.7 | 15.3×6.5 | 8.3 | 17.0×5.9 | 9.0 |
| | 120 | 9.9 | $D_{11}$ | 11.0×11.0 | 7.8 | 13.0×9.2 | 8.0 | 14.9×8.1 | 8.5 | 16.9×7.1 | 9.2 | 18.7×6.4 | 9.9 |

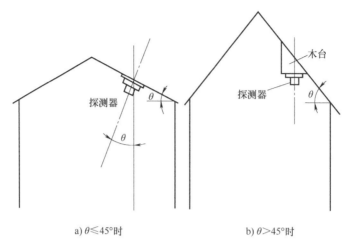

a) $\theta \le 45°$时　　　　　　　　b) $\theta > 45°$时

**图1-49　顶棚倾斜时探测器安装示意图**

7）在电梯井、升降机井设置点型探测器时，其位置宜在井道上方的机房顶棚上。

**4. 其他探测器的设置**

火焰探测器、图像型火灾探测器、线型光束感烟火灾探测器、线型感温火灾探测器、管路采样式吸气感烟火灾探测器的设置详见表1-9。

**表1-9　其他探测器的设置**

| 探测器类型 | | 设置安装要求 |
|---|---|---|
| 火焰探测器、图像型火灾探测器 | | （1）考虑探测器的探测视角及最大探测距离，可通过选择探测距离长、火灾报警响应时间短的火焰探测器，提高保护面积要求和报警时间要求<br>（2）探测器的探测视角内不应存在遮挡物<br>（3）应避免光源直接照射在探测器的探测窗口<br>（4）单波段的火焰探测器不应设置在平时有阳光、白炽灯等光源直接或间接照射的场所 |
| 线型光束感烟火灾探测器 | 一般场所 | （1）探测器光束轴线至顶棚的垂直距离宜为0.3~1.0m，高度大于12m的空间场所增设的探测器的安装高度应符合设计文件和《火灾自动报警系统设计规范》（GB 50116—2013）的规定<br>（2）发射器和接收器（反射式探测器的探测器和反射板）之间的距离不宜超过100m<br>（3）相邻两组探测器光束轴线的水平距离不应大于14m，探测器光束轴线至侧墙水平距离不应大于7m，且不应小于0.5m<br>（4）发射器和接收器（反射式探测器的探测器和反射板）应安装在固定结构上，且应安装牢固；确需安装在钢架等容易发生位移形变的结构上时，结构的位移不应影响探测器的正常运行<br>（5）发射器和接收器（反射式探测器的探测器和反射板）之间的光路上应无遮挡物<br>（6）应保证接收器（反射式探测器的探测器）避开日光和人工光源直接照射 |
| | 高度大于12m的场所 | （1）探测器应设置在建筑顶部<br>（2）探测器宜采用分层组网的探测方式<br>（3）建筑高度不超过16m时，宜在6~7m增设一层探测器<br>（4）建筑高度超过16m但不超过26m时，宜在6~7m和11~12m处各增设一层探测器<br>（5）由开窗或通风空调形成的对流层为7~13m时，可将增设的一层探测器设置在对流层下面1m处<br>（6）分层设置的探测器保护面积可按常规计算，并宜与下层探测器交错布置 |

（续）

| 探测器类型 | 设置安装要求 |
|---|---|
| 线型感温火灾探测器 | （1）探测器设置在保护电缆、堆垛等类似保护对象时，应采用接触式布置；在各种皮带输送装置上设置时，宜设置在装置的过热点附近<br>（2）设置在顶棚下方的线型感温火灾探测器，至顶棚的距离宜为0.1m。探测器的保护半径应符合点型感温火灾探测器的保护半径要求；探测器至墙壁的距离宜为1~1.5m<br>（3）光栅光纤感温火灾探测器每个光栅的保护面积和保护半径，应符合点型感温火灾探测器的保护面积和保护半径要求<br>（4）设置线型感温火灾探测器的场所有联动要求时，宜采用两只不同火灾探测器的报警信号组合<br>（5）与线型感温火灾探测器连接的模块不宜设置在长期潮湿或温度变化较大的场所 |
| 管路采样式吸气感烟火灾探测器 | （1）非高灵敏型探测器的采样管网安装高度不应超过16m；高灵敏型探测器的采样管网安装高度可超过16m；采样管网安装高度超过16m时，灵敏度可调的探测器应设置为高灵敏度，且应减小采样管长度和减少采样孔数量<br>（2）探测器的每个采样孔的保护面积、保护半径，应符合点型感烟火灾探测器的保护面积、保护半径的要求<br>（3）一个探测单元的采样管总长不宜超过200m，单管长度不宜超过100m，同一根采样管不应穿越防火分区。采样孔总数不宜超过100个，单管上的采样孔数量不宜超过25个<br>（4）当采样管道采用毛细管布置方式时，毛细管长度不宜超过4m<br>（5）吸气管路和采样孔应有明显的火灾探测器标识<br>（6）有过梁、空间支架的建筑中，采样管路应固定在过梁、空间支架上<br>（7）当采样管道布置形式为垂直采样时，每2℃温差间隔或3m间隔（取最小者）应设置一个采样孔，采样孔不应背对气流方向<br>（8）采样管网应按经过确认的设计软件或方法进行设计<br>（9）探测器的火灾报警信号、故障信号等信息应传给火灾报警控制器，涉及消防联动控制时，探测器的火灾报警信号还应传给消防联动控制器 |

**5. 火灾探测器在格栅吊顶场所的设置**

1）镂空面积与总面积的比例不大于15%时，探测器应设置在吊顶下方。

2）镂空面积与总面积的比例大于30%时，探测器应设置在吊顶上方。

3）镂空面积与总面积的比例为15%~30%时，探测器的设置部位应根据实际试验结果确定。

4）探测器设置在吊顶上方且火警确认灯无法观察时，应在吊顶下方设置火警确认灯。

5）地铁站台等有活塞风影响的场所，镂空面积与总面积的比例为30%~70%时，探测器宜同时设置在吊顶上方和下方。

【例1-2】 一个地面面积为30m×40m的实训车间，其屋顶坡度为15°，房间高度为8m，使用点型感烟探测器保护。试问应设多少只感烟火灾探测器？如何布置这些探测器？

**解：**

① 确定感烟火灾探测器的保护面积$A$和保护半径$R$：查表1-8可得，感烟火灾探测器保护面积为$A=80m^2$，保护半径$R=6.7m$。

② 计算所需探测器设置数量：选取$K=1.0$，按公式有

$$N = \frac{S}{K \cdot A} = \frac{1200}{1.0 \times 80} = 15 （只）$$

③ 确定探测器的安装间距 $a$、$b$：由保护半径 $R$，确定保护直径 $D=2R=2 \times 6.7=13.4$（m），由图 1-46 可确定 $D_i=D_7$，应利用 $D_7$ 极限曲线确定 $a$ 和 $b$ 值。根据现场实际，选取 $a=8$m（极限曲线两端点间值），得 $b=10$m，其布置方式如图 1-50 所示。

④ 校核按安装间距 $a=8$m、$b=10$m 布置后，探测器到最远点水平距离 $R'$ 是否符合保护半径要求，按公式（1-2）计算。

$$R' = \sqrt{\left(\frac{a}{2}\right)^2 + \left(\frac{b}{2}\right)^2} \tag{1-2}$$

计算结果 $R'=6.4$m $< R=6.7$m，即符合保护半径要求。

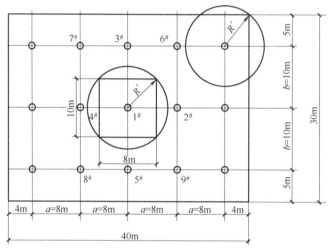

图 1-50　实训车间布置方式

# 02

## >>> 火灾自动报警系统的识图与设计

### 单元概述

本单元的主要内容是掌握火灾自动报警及联动控制系统设备图例，正确识读火灾自动报警及联动控制系统施工图，能够自主完成一个火灾自动报警及联动控制系统的设计。

### 教学目标

**1. 知识目标**

熟悉火灾自动报警及联动控制系统相关设计规范，认识火灾自动报警及联动控制系统设备图例，掌握火灾自动报警及联动控制系统施工图的识读和火灾自动报警及联动控制系统的设计。

**2. 技能目标**

能够正确使用和查找规范和手册，能够正确识读火灾自动报警及联动控制系统施工图，独立设计和绘制火灾自动报警及联动控制系统施工图。

### 职业素养要求

通过火灾自动报警系统的识图与设计，培养系统设计、细节认知、创新等意识，树立预防为主的理念。

# 2.1 火灾自动报警系统的识图

火灾自动报警
系统的识图

## 一、图例的认知

消防图例就是消防设计图中用来表示消防设备的图示。消防系统的设备、元件、装置的连接线很多，结构类型千差万别，安装方式多种多样，不同的厂家外观和安装方式区别甚大。在火灾自动报警及联动控制系统施工图中，统一使用《〈火灾自动报警系统设计规范〉图示》（14X505—1）中的图形及文字符号，见表2-1。

表 2-1  火灾自动报警及联动控制系统常用的图形及文字符号

| 序号 | 图形和文字符号 | 名称 | 序号 | 图形和文字符号 | 名称 |
|---|---|---|---|---|---|
| 1 | □ | 火灾报警控制器，一般符号 | 20 | ☒ | 消火栓按钮 |
| 2 | Ⓐ | 火灾报警控制器（不具有联动控制功能） | 21 | ◎ | 消防电话插孔 |
| 3 | AL | 火灾报警控制器（联动型） | 22 | YO | 带消防电话插孔的手动火灾报警按钮 |
| 4 | C | 集中（型）火灾报警控制器 | 23 | ◪ | 水流指示器 |
| 5 | Z | 区域（型）火灾报警控制器 | 24 | P | 压力开关 |
| 6 | S | 可燃气体报警控制器 | 25 | F | 流量开关 |
| 7 | H | 家用火灾报警控制器 | 26 | ⑀ | 点型感烟火灾探测器 |
| 8 | XD | 接线端子箱 | 27 | ⑀ | 点型感温火灾探测器 |
| 9 | RS | 防火卷帘控制器 | 28 | △ | 家用点型感烟火灾探测器 |
| 10 | RD | 电磁释放器 | 29 | ◪ | 可燃气体探测器 |
| 11 | ◉ | 门磁开关 | 30 | △ | 点型红外火焰探测器 |
| 12 | EC | 电动闭门器 | 31 | ▣ | 图像型火灾探测器 |
| 13 | I/O | 输入/输出模块 | 32 | ▥ | 独立式感烟火灾探测报警器 |
| 14 | I | 输入模块 | 33 | ▥ | 独立式感温火灾探测报警器 |
| 15 | O | 输出模块 | 34 | I△ | 剩余电流式电气火灾监控探测器 |
| 16 | M | 模块箱 | 35 | T | 测温式电气火灾监控探测器 |
| 17 | SI | 总线短路隔离器 | 36 | I△T | 剩余电流及测温式电气火灾监控探测器 |
| 18 | D | 区域显示器（火灾显示盘） | 37 | AFD | 具有探测故障电弧功能的电气火灾监控探测器（故障电弧探测器） |
| 19 | ☒ | 手动火灾报警按钮 | 38 | △I△T | 独立式电气火灾监控探测器（剩余电流及测温式） |

（续）

| 序号 | 图形和文字符号 | 名称 | 序号 | 图形和文字符号 | 名称 |
|---|---|---|---|---|---|
| 39 | △Ia | 独立式电气火灾监控探测器（剩余电流式） | 51 | M | 电磁阀 |
| 40 | △I | 独立式电气火灾监控探测器（测温式） | 52 | M | 电动阀 |
| 41 | | 线型感温火灾探测器 | 53 | ⊖70℃ | 常开防火阀（70℃熔断关闭） |
| 42 | | 火灾光警报器 | 54 | ⊖280℃ | 常开排烟防火阀（280℃熔断关闭） |
| 43 | | 火灾声光警报器 | 55 | Φ280℃ | 常闭排烟防火阀（电控开启，280℃熔断关闭） |
| 44 | ◁ | 扬声器，一般符号 | 56 | —S—<br>S | 通信线 |
| 45 | | 消防电话分机 | 57 | —S1—<br>S1 | 报警信号总线 |
| 46 | E | 安全出口指示灯 | 58 | —S2—<br>S2 | 联动信号总线 |
| 47 | ←↑→ | 疏散方向指示灯 | 59 | —D—<br>D | 50V 以下的电源线路 |
| 48 | ⊠ | 自带电源的应急照明灯 | 60 | —F—<br>F | 消防电话线路 |
| 49 | | 液位传感器 | 61 | —BC—<br>BC | 广播线路或音频线路 |
| 50 | ⋈ | 信号阀（带监视信号的检修阀） | 62 | —C—<br>C | 直接控制线路 |

## 二、火灾自动报警及联动控制系统的识读

火灾自动报警及联动控制系统施工图用来说明建筑中火灾自动报警及联动控制系统的构成和功能，描述系统装置的工作原理，以及提供安装技术数据和使用维护依据。常用的施工图包含图纸目录、设计说明、图例、设备材料表、系统工作原理图、系统图、平面图、设备布置图、消防设备电气控制原理图。

**1. 图纸目录**

图纸目录的作用是便于知道文件明细以及查找图纸，一般以表格形式编写，说明该工程由哪些图纸组成，包括每张图纸的序号、名称、图纸编号、图幅大小等，一般会汇总到电气施工图总目录中，如图 2-1 所示。

**2. 设计说明、图例和设备材料表**

设计说明是图纸的提纲，主要阐述工程概况、设计依据、施工原则和要求，一般包括建筑电气（消防电源、配电线路及电器装置、火灾自动报警系统和消防控制室）、消防给水和灭火设施（消防水源、消防水泵房、室外消防给水系统、室内消火栓系统、灭火设施等）、防烟排烟设施等。

图例即图形及文字符号，用于表示图纸上的各种构件、设备、材料等。为了更好理解图纸上的信息，方便施工人员进行施工，一般只列出本套图纸中涉及的图形符号。

| | | | | | 建设单位 | | | |
|---|---|---|---|---|---|---|---|---|

图  纸  目  录

****建筑设计有限公司
甲级工程设计证书编号：*********

| 子项名称 | 地下室 | 专 业 | 消电 |
|---|---|---|---|
| 工 程 号 | | 阶 段 | 施工图 |
| 日 期 | | 修改版本 | A |

建设单位

项目名称

| 序号 | 图 别<br>图 号 | 修改<br>版本 | 图 纸 名 称 | 图 纸<br>尺 寸 | 备 注 |
|---|---|---|---|---|---|
| 1 | 消电施-01修 | A | 火灾自动报警系统设计说明 | A1 | |
| 2 | 消电施-02修 | A | 地下室消电系统图1 | A1 | |
| 3 | 消电施-03修 | A | 地下室消电系统图2 | A1 | |
| 4 | 消电施-04修 | A | 地下室一层消电组合平面图 | A0 | |
| 5 | 消电施-05修 | A | 地下室一层消电拆分平面图1 | A0+1 | |
| 6 | 消电施-06修 | A | 地下室一层消电拆分平面图2 | A0+1 | |
| 7 | 消电施-07修 | A | 地下室一层消电拆分平面图3 | A0+1/2 | |
| 8 | 消电施-08修 | A | 地下室二层消电平面图 | A0 | |
| 9 | 消电施-09修 | A | 地下室一层消电干线组合平面图 | A0 | |
| 10 | 消电施-10修 | A | 地下室二层消电干线拆分平面图1 | A0+1 | |
| 11 | 消电施-11修 | A | 地下室二层消电干线拆分平面图2 | A0+1 | |
| 12 | 消电施-12修 | A | 地下室二层消电干线拆分平面图3 | A0+1/2 | |
| 13 | 消电施-13修 | A | 地下室二层消电干线平面图 | A0 | |
| 14 | | | | | |
| 15 | | | | | |
| 16 | | | | | |
| 17 | | | | | |
| 18 | | | | | |
| 19 | | | | | |
| 20 | | | | | |
| 21 | | | | | |
| 22 | | | | | |
| 23 | | | | | |
| 24 | | | | | |

工程负责人：          工种负责人：          设计：          审核：          审定：

图 2-1  图纸目录示例

设备材料表是施工图中的重要组成部分，一般只列出该工程所需要的设备和材料明细信息，包含图纸中零件的类型、序号、名称、材料、代号、规格、数量、重量以及安装要求等信息，供设计概算和施工预算使用，如图 2-2 所示。

| 主要设备及材料表 | | | | | | |
|---|---|---|---|---|---|---|
| 序号 | 图例 | 名　称 | 型号及规格 | 数　量 | 安装高度方式 | 备　注 |
| 01 | XF | 端子箱 | | 见平面图 | 离地1500 | |
| 02 | SI | 短路隔离器 | | 见平面图 | 离地2000（或吸顶） | |
| 03 | Ⓢ | 离子感烟探测器 | | 见平面图 | 吸顶 | |
| 04 | H | 家用火灾报警器 | | 见平面图 | 离地1500 | |
| 05 | ◯ | 家用感烟探测器 | | 见平面图 | 吸顶 | |
| 06 | ! | 感温探测器 | | 见平面图 | 吸顶 | |
| 07 | ◿ | 编码煤气探测器(自带报警) | | 见平面图 | 天然气探头吸顶安装 | 带联动关断燃气断阀功能 |
| 08 | Y⊙ | 手动报警开关带电话插口 | | 见平面图 | 离地1500 | |
| 09 | Y | 手动报警开关 | | 见平面图 | 离地1500 | |
| 10 | ⚠ | 火灾声光报警器 | | 见平面图 | 离地2500 | |
| 11 | Y | 消火栓开关（带启动按钮） | | 见平面图 | 离地1500 | 安装在消火栓箱内 |
| 12 | I/O | 联动模块 | | 见平面图 | 安装在柜外箱外 | 离地2200明装 |
| 13 | I | 编码输入模块 | | 见平面图 | 安装在柜外箱外 | 离地2200明装 |
| 14 | FK | 电动排烟口 | | 见平面图 | 见暖通图纸 | |
| 15 | 70℃Φ | 防火阀（带双触点） | 70℃动作 | 见平面图 | 见暖通图纸 | |
| 16 | 280℃ | 防火阀（带双触点） | 280℃动作 | 见平面图 | 见暖通图纸 | |
| 17 | ⌂ | 总线制消防电话分机 | | 见平面图 | 离地1500 | |
| 18 | ☏ | 消防电话 | | 见平面图 | 离地1500 | |
| 19 | ◁ | 消防广播 | | 见平面图 | 吸顶安装 | 阻燃型 |
| 20 | GB | 广播控制模块 | | 见平面图 | 离地1500 | |
| 21 | D | 区域显示器（火灾显示盘） | | 见平面图 | 离地1500明装 | |
| 22 | L | 流量开关 | | 见平面图 | 见给排水图纸 | |
| 23 | P | 报警阀压力开关 | | 见平面图 | 见给排水图纸 | |
| 24 | ⋈ | 信号阀 | | 见平面图 | 见给排水图纸 | |
| 25 | Ⓛ | 水流指示器 | | 见平面图 | 见给排水图纸 | |
| 26 | ∧ | 液位传感器 | | 见平面图 | 见给排水图纸 | |
| 27 | LD | 火灾漏电监控模块 | | 见平面图 | 安装在柜内箱内 | |
| 28 | JK | 消防电源监控模块 | | 见平面图 | 安装在柜内箱内 | |
| 29 | FHJL | 防火卷帘控制箱 | | 见平面图 | 见强电图纸 | |
| 30 | Y | 送风机现场启动信号按钮 | | 见平面图 | 见暖通图纸 | |

图 2-2　设备材料表

**3. 系统工作原理图**

火灾自动报警及联动控制系统的工作原理图可以直观地展示整个系统的工作流程和各个设备的相互作用关系。同时，它也可以作为设计、施工和维护的重要参考依据，确保系统的正常运行和安全性，如图 2-3 所示。

**4. 系统图**

火灾自动报警及联动控制系统的系统图（图 2-4）是用于展示系统结构、功能和工作原理的图纸，可以清晰地表示系统的组成结构、运行原理和控制逻辑。同时，系统图还可以作为设计、施工和调试的重要参考依据。

1）识读火灾自动报警及联动控制系统的系统图应掌握如下概念。

① 系统图用来表示系统设备、部件的分布和系统的组成关系。

② 系统图帮助用户进行系统日常管理和故障维护。

③ 系统图要素包括：设备部件的类别、分布、连线走向和线数。

2）识图时要识别以下内容。

① 看系统。该系统的线制、分类、回路，以及设备所对应的楼层数。

② 看设备。该系统安装的设备类别、分布，每层楼的设备数量是否有标注，与平面图是否对应。

③ 看线路。该系统所安装的设备部件的连线走向和线数。

**5. 平面图**

火灾自动报警及联动控制系统的平面图是指反映火灾报警设备及联动设备的平面布置、线路敷设等的图纸，是施工安装的主要依据。它以建筑总平面图为依据，在图上绘出设备、装置、线路的安装位置和敷设方法等。如图 2-5 所示为某住宅小区地下室火灾自动报警及联动控制系统的平面图。

要结合系统图来识读平面图，识别的是某一层的火灾自动报警及联动控制系统平面图，识别报警控制信号线、消防广播线、消防电话线等线路，根据线路识读不同线路上所安装的设备及其安装位置、数量等。

**6. 设备布置图**

设备布置图是表现火灾报警控制设备的平面与空间的位置、安装方式及其相互关系的图纸，通常由平面图、立面图、剖面图及各种构件详图等组成。通常情况下，设备布置图用来表示消防控制中心、水泵房等设备的布置，如图 2-6 所示为水泵房设备布置图。

**7. 消防设备电气控制原理图**

消防设备电气控制原理图是表现消防设备、设施电气控制工作原理的图纸，如排烟风机的电气控制原理图、自动喷淋水泵一用一备的电气控制原理图、防火卷帘门的电气控制原理图等。电气原理图不能表明电气设备和器件的实际安装位置和具体的接线，但可以用来指导电气设备和器件的安装、接线、调试、使用与维修，如图 2-7 所示为喷淋泵控制箱原理图。

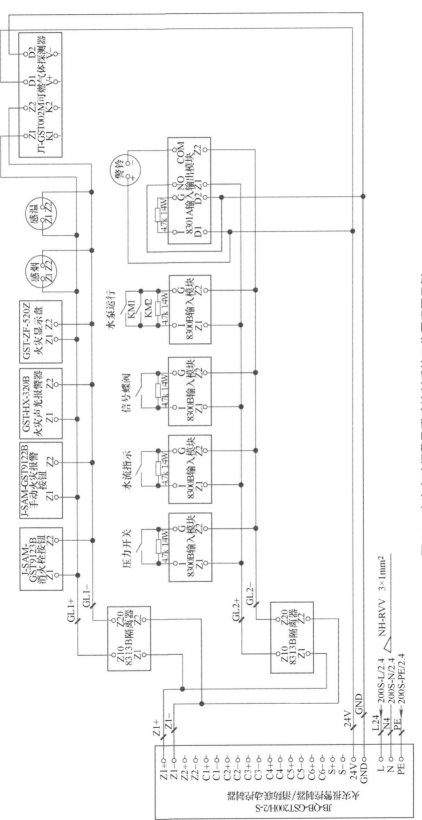

图 2-3　火灾自动报警及联动控制系统工作原理图示例

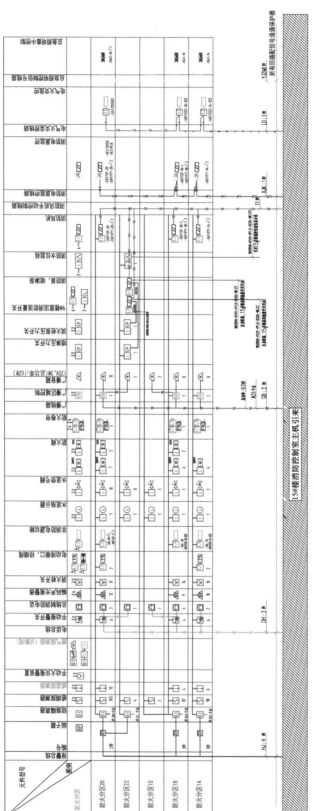

图 2-4 火灾自动报警及联动控制系统的系统图示例

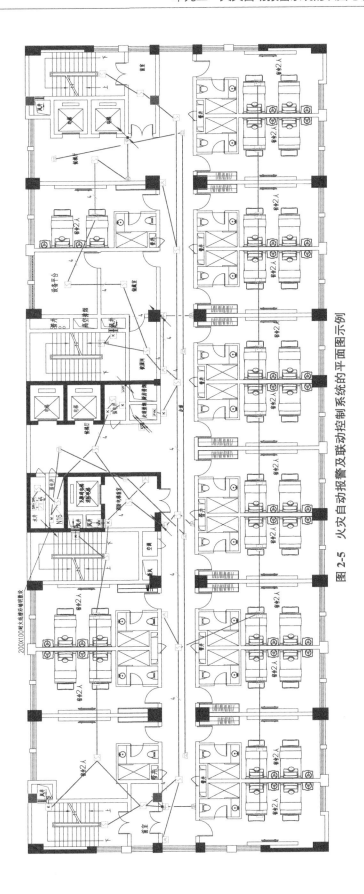

图 2-5　火灾自动报警及联动控制系统的平面图示例

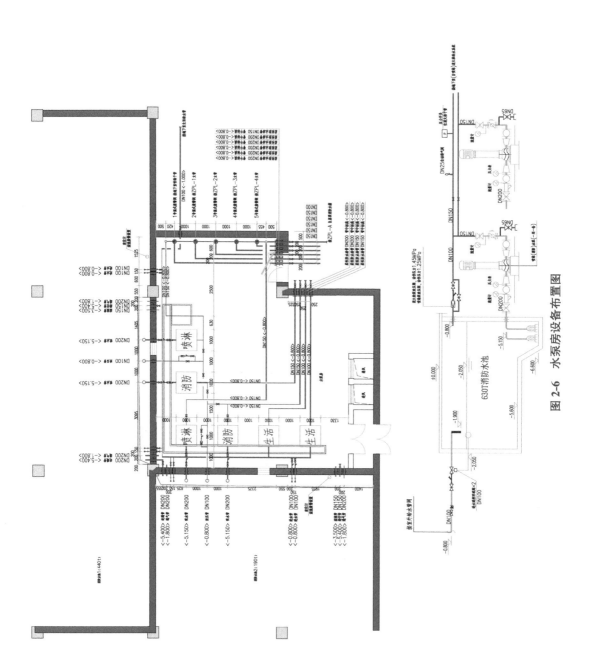

图 2-6 水泵房设备布置图

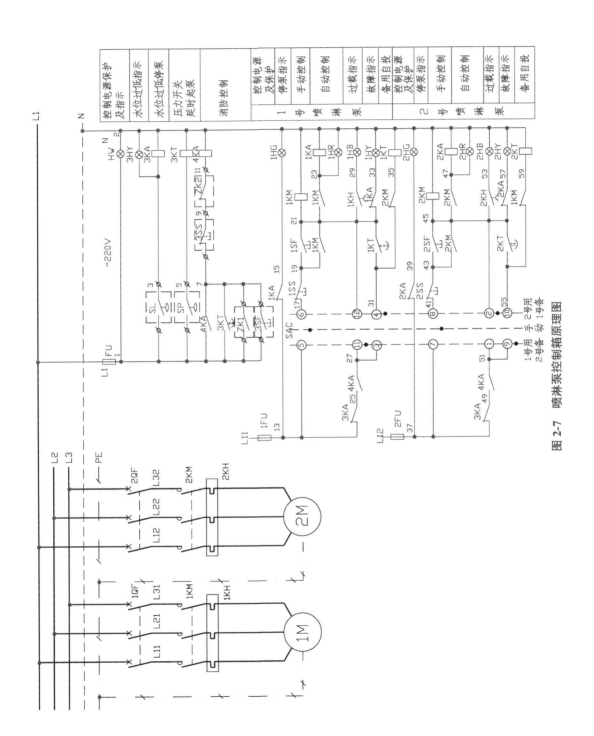

图 2-7　喷淋泵控制箱原理图

## 2.2  火灾自动报警系统的设计

火灾自动报警
系统的设计

### 一、火灾自动报警系统的基本设计

根据《火灾自动报警系统设计规范》（GB 50116—2013）的规定来确定是否设置火灾自动报警系统，以及系统形式、探测区域和报警区域划分、控制室的设计。

以某高校高层综合楼为例，进行火灾自动报警系统设计。该楼为一类高层建筑，耐火等级一级，地上20层，一层层高3.6m，其余层层高3.3m，总建筑面积20706.4m²，主要使用功能为办公室、宿舍、报告厅等；地下1层，层高4.5m，建筑面积4296.04m²，主要使用功能为车库和设备用房。

**1. 火灾自动报警系统的设置**

根据工程概况和《建筑设计防火规范（2018年版）》（GB 50016—2014），确定该建筑需要设置火灾自动报警系统。

**2. 火灾自动报警系统的形式**

根据《火灾自动报警系统设计规范》（GB 50116—2013），该建筑不仅需要报警，同时还需要联动消防设施，按其规模只需设置一台具有集中控制功能的火灾报警控制器和消防联动控制器，应采用集中火灾报警系统形式。

**3. 系统设施与设备设计**

根据《火灾自动报警系统设计规范》（GB 50116—2013），集中火灾报警系统由火灾探测器、手动火灾报警按钮、火灾声光警报器、消防应急广播、消防专用电话、消防控制室图形显示装置、火灾报警控制器、消防联动控制器等组成。其中起集中控制作用的消防设备，应设置在消防控制室内。该建筑的消防控制室设于一层，有直通室外的出口，室内设备符合消防控制室设置要求。

根据楼层和防火分区划分报警区域和探测区域，该建筑根据楼层划分防火分区，因此一个楼层为一个报警区域；一般应按独立房（套）划分探测区域，敞开或封闭的楼梯间、防烟楼梯间前室、消防电梯前室、防烟楼梯间和消防电梯合用前室、走道、坡道、管道井、电梯井、电缆井、电缆隧道、建筑物吊顶（闷顶）、夹层等应单独划分为探测区域。

根据建筑内使用功能、环境等要求选择探测器类型，并根据规范要求设置手动火灾报警按钮、火灾声光警报器、火灾显示盘、消防应急广播、消防专用电话等设备。

### 二、消防联动控制设计

**1. 自动喷水灭火系统**

根据《火灾自动报警系统设计规范》（GB 50116—2013），该建筑安装了湿式自动喷水灭火系统，采用联动控制和手动控制两种方式。按照《自动喷水灭火系统设计规范》（GB 50084—2017）计算，湿式自动喷水灭火系统需要安装3276个喷头。一个湿式报警阀组控制的喷头数量不宜超过 800 个，因此该建筑安装了 ZSFZ-150 报警阀组（图 2-8）5 个，末端试水装置 5 个。

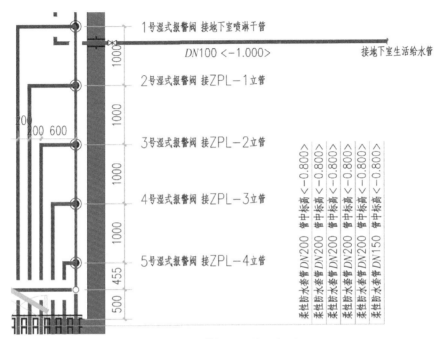

图 2-8 报警阀组设计示意图

**2. 消火栓系统**

根据《火灾自动报警系统设计规范》（GB 50116—2013），该建筑安装了消火栓系统，采用联动控制和手动控制两种方式。按照《消防防水及消火栓系统技术规范》（GB 50974—2014）计算，消火栓系统需设置 130 个室内消火栓，130 个消火栓按钮，4 个室外消火栓。

**3. 防排烟系统**

防烟系统为正压送风系统，排烟系统为机械排烟系统，其控制方式包括联动控制和手动控制。根据《建筑防烟排烟系统技术标准》（GB 51251—2017）的规定，本建筑的电梯前室、楼梯间设置正压送风；地下室、走道设置机械排烟，共安装加压送风机 6 台，排烟风机 4 台。

**4. 消防应急照明和疏散指示系统**

消防应急照明和疏散指示系统的设置及联动控制设计详见《火灾自动报警系统设计规范》（GB 50116—2013）和《民用建筑电气设计标准》（GB 51348—2019）。

火灾应急照明包括备用照明和疏散照明。备用照明是为消防作业及救援人员继续工作设置的照明。疏散照明是人员疏散的路线指示和安全出口指示标志以及疏散通道所需的照明。

该建筑在消防控制室、自备电源室、配电室、消防水泵房、防烟及排烟机房以及火灾时仍需要坚持工作的其他房间设置了备用照明。在疏散楼梯间、防烟楼梯间前室、疏散通道、消防电梯间及其前室、合用前室等场所设置了疏散照明，同时按规范要求在相应位置设置疏散指示标志，共安装应急照明 568 个、疏散指示 187 个、安全出口 165 个。

该建筑每个防火分区设置了应急照明配电箱，采用两路电源供电，双回路在末端应急照明配电箱内自动切换。应急照明灯具还采用内附蓄电池灯具。控制方式为集中控制，由火灾报警控制器的消防联动控制器启动应急照明控制器。

**5. 消防应急广播和火灾警报装置**

（1）消防应急广播 消防应急广播系统的设置及联动控制详见《火灾自动报警系统设计规范》（GB 50116—2013）。

该建筑在每个楼层的楼梯口、消防电梯前室、建筑内部走廊以及适当的位置设置了消防应急广播扬声器，共 175 个，在消防控制中心设置了消防广播控制盘，消防应急广播系统由火灾报警控制器采用总线集中控制，当确认火灾后，应同时向全楼进行广播。

（2）火灾警报装置 火灾警报装置是指设置在大楼中的火灾声光警报装置，其设置及联动控制详见《火灾自动报警系统设计规范》（GB 50116—2013）。

该建筑在每个楼层的楼梯口、消防电梯前室、建筑内部走廊以及适当的位置设置了火灾声光警报装置，共 102 个，由火灾报警控制器采用总线集中控制。

**6. 消防专用电话**

消防专用电话的设置详见《火灾自动报警系统设计规范》（GB 50116—2013），主要有电话总机、电话分机、电话插孔三种类型。

该建筑的消防控制室应设置消防专用电话总机，并设置可直接报警的 1 部外线电话。消防水泵房、发电机房、变配电室、计算机机房、主要通风和空调机房、防排烟机房、消防电梯机房及其他与消防联动控制有关且经常有人值班的机房应设置消防专用电话分机。消防专用电话分机共设置 35 部，固定安装在明显且便于使用的部位，并应有区别于普通电话的标识。手动火灾报警按钮或消火栓按钮等处，宜设置电话插孔，共 102 个，并宜选择带有电话插孔的手动火灾报警按钮。

**7. 防火门及防火卷帘系统**

（1）防火门 防火门的联动控制设计应符合《火灾自动报警系统设计规范》（GB 50116—2013）。该建筑甲级防火门 178 扇，乙级防火门 119 扇，丙级防火门 83 扇。甲级防火门主要设置在建筑物内的通风、空调机房和变配电室（开向建筑物）；柴油发电机房等布置在民用建筑内时，防火隔墙上的门采用甲级防火门。乙级防火门主要设置在防烟楼梯间、前室和封闭楼梯间。丙级防火门主要设置在电缆井、管道井、排烟道、排气道、垃圾道等竖向井道。

（2）防火卷帘 防火卷帘的升降应由防火卷帘控制器控制。防火卷帘的控制方式有联动控制和手动控制。对于防火卷帘设置的场所不同，其升降控制程序也有所不同，详见《火灾自动报警系统设计规范》（GB 50116—2013）。

该建筑安装了 2 个防火卷帘，在地下室的疏散通道上，作为防火分隔使用，同时设计有联动控制和手动控制。

**8. 消防电梯**

电梯按功能分为消防电梯和普通电梯，二者的控制要求详见《火灾自动报警系统设计规范》（GB 50116—2013）。该建筑有一台消防电梯，四台普通电梯。由消防联动控制器采用总线控制，具有发出联动控制信号后强制所有电梯停于首层的功能。普通电梯停于首层后处于断电停止运行，消防电梯停于首层后不断电，可通过消防电梯内专用按钮继续运行，但只限于消防人员使用。电梯运行状态信息和停于首层或转换层的反馈信号，应传送给消防控制室显示。

**9. 相关联动控制设计**

消防联动控制除上述内容外，还包括切断火灾区域及相关区域的非消防电源、自动打开涉及疏散的电动栅杆、打开疏散通道上由门禁系统控制的门和庭院电动大门、打开停车场出入口挡杆等功能，具体见《火灾自动报警系统设计规范》（GB 50116—2013）。

该建筑主要设计有联动切断火灾区域及相关区域的非消防电源，为一般正常照明电源。

### 三、火灾自动报警系统的布线设计

火灾自动报警系统传输线路导线的电压等级、导体类型、线芯规格、敷设方式等应满足《火灾自动报警系统设计规范》（GB 50116—2013）的规定。该建筑火灾自动报警系统的供电线路、消防联动控制线路采用耐火铜芯电线电缆，报警总线、消防应急广播和消防专用电话等传输线路采用阻燃或阻燃耐火电线电缆，电压等级均为 450/750V。线路暗敷设时，均采用金属管、可挠（金属）电气导管，敷设在不燃烧体的结构层内，保护层厚度要求不小于 30mm。线路明敷设时，采用金属管、可挠（金属）电气导管或金属封闭线槽保护，并做好防火处理。不同电压级的线缆分开穿保护管敷设；当合用同一线槽或桥架时，线槽或桥架内设金属防火隔断分隔。

### 四、火灾自动报警系统的供电及接地设计

**1. 系统供电**

火灾自动报警系统供电电源应满足《火灾自动报警系统设计规范》（GB 50116—2013）的规定。

该建筑为一类公共建筑，火灾自动报警系统负荷等级为一级，采用两路独立的交流电源供电，并在末端实现自动切换。消防控制室图形显示装置、消防通信设备等的电源，宜由 UPS 电源装置或消防设备应急电源供电。消防设备应急电源输出功率应大于火灾自动报警及联动控制系统全负荷功率的 120%，蓄电池组的容量应保证火灾自动报警及联动控制系统在火灾状态同时工作负荷条件下连续工作 3h 以上。

**2. 系统接地**

火灾自动报警系统的接地应满足《火灾自动报警系统设计规范》（GB 50116—2013）的规定。

该建筑火灾自动报警系统接地和建筑综合接地装置共用，接地电阻值不应大于 1Ω。消防控制室内的电气和电子设备的金属外壳、机柜、机架和金属管、槽等，应采用等电位连接。由消防控制室接地板引至各消防电子设备的专用接地线应选用铜芯绝缘导线，其线芯截面面积不应小于 4mm$^2$。消防控制室接地板与建筑接地体之间，应采用线芯截面面积不小于 25mm$^2$ 的铜芯绝缘导线连接。

### 五、火灾自动报警系统的施工图绘制

火灾自动报警系统施工图应由设计说明、图例说明及主要设备材料表、火灾自动报警及联动控制系统图、火灾自动报警平面图以及相应的大样图组成。

绘制施工图时，根据提供的工程概况，依据现行设计规范、选用的国家标准图集等，设计报警系统形式及要求、报警设备选型联动控制内容及要求、供电电源、线路选型及敷设等，完成设计说明、图例说明和主要设备材料表。

在火灾自动报警系统平面图的基础上采用标准图例符号绘制火灾自动报警系统图，来表示整个火灾自动报警及联动控制系统的组成与连接情况，其内容应包括消防中心的设备类型、型号规格和每个防火分区的探测报警设备、警报设备、联动控制设备的类型、数量以及接线方式，连接导线的型号、规格、数量、敷设方式等。

依照建筑平面图绘制火灾自动报警平面图，完成火灾探测报警系统、消防联动控制系统在建筑平面图上的布置，以及线路的敷设等。

# 单元三

>>> 火灾自动报警系统的安装

 **单元概述**

　　本单元的主要内容是认识火灾报警控制器、火灾探测器的型号编制、管道的敷设，以及根据不同厂家安装要求及施工规范要求，正确进行火灾自动报警系统设备的安装接线。

 **教学目标**

　　1. 知识目标

　　认识火灾报警控制器、探测器的型号编制，掌握编码器的使用，熟悉管道的敷设，掌握火灾自动报警系统设备的安装。

　　2. 技能目标

　　能够正确认识火灾报警控制器、探测器的型号，能安装设置火灾自动报警系统设备，能够掌握消防控制中心的安装要求。

**职业素养要求**

　　通过火灾报警及联动控制系统的安装施工，培养系统安装配置能力、团队协作能力和创新与批判思维，树立遵守安全法规、持续安全教育的安全意识，养成诚信公正、保质保量的职业道德。

火灾自动报警
系统的安装

## 3.1　火灾报警控制器、探测器的型号编制

### 一、火灾报警控制器的型号编制

火灾报警控制
器的型号编制

根据《火灾报警控制器》（GB 4717—2024），火灾报警控制器按应用方式分为独立型、区域型、集中型、集中区域兼容型（通用型）。火灾报警控制器产品型号由类组型特征代号、分类特征代号及参数、结构特征代号、传输方式特征代号及参数、联动功能特征代号、厂家及产品代号组成，其中类组型特征代号包括火灾报警设备在消防产品中的分类代号、火灾报警控制器产品代号、火灾报警控制器应用范围特征代号，其格式如下：

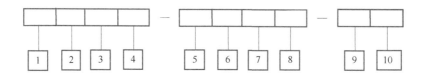

其中各个数字代表的含义如下。

1——消防产品中火灾报警设备分类代号，用"J"表示。

2——火灾报警控制器产品代号，用"B"表示。

3、4——应用范围特征代号。其中，3指防爆型，用"B"表示（型号中无"B"代号即为非防爆型，其名称中也无须指出"非防爆型"）；4指船用型，用"C"表示（型号中无"C"代号即为陆用型，其名称中也无须指出"陆用型"）。

5——分类特征代号及参数表示法。"Q（区）"表示区域火灾报警控制器；"J（集）"表示集中火灾报警控制器；"T（通）"表示通用火灾报警控制器。

分类特征参数用一或两位阿拉伯数字表示。集中或通用火灾报警控制器的分类特征参数表示其可连接的火灾报警控制器数。区域火灾报警控制器的分类特征参数可省略。

6——结构特征代号表示法。"G（柜）"表示柜式；"T（台）"表示台式；"B（壁）"表示壁挂式。

7——传输方式特征代号及参数表示法。"D（多）"表示多线制；"Z（总）"表示总线制；"W（无）"表示无线制；"H（混）"表示总线无线混合制或多线无线混合制。

传输方式特征参数用一位阿拉伯数字表示。对于传输方式特征代号为总线制或总线无线混合制的火灾报警控制器，传输方式特征参数表示其总线数。对于传输方式特征代号为多线制、无线制、多线无线混合制的火灾报警控制器，其传输方式特征参数可省略。

8——联动功能特征代号表示法。"L（联）"表示火灾报警控制器（联动型）。对于不具有联动功能的火灾报警控制器，其联动功能特征代号可省略。

9、10——厂家及产品代号，为四至六位，其中9为前两位或前三位，用厂家名称中具有代表性的汉语拼音字母或英文字母表示厂家代号，10为产品系列号，有时表示主参数代码。

火灾报警控制器分型产品的型号用英文字母或罗马数字表示，加在产品型号尾部以示区别。

**【例 3-1】** 根据火灾报警控制器产品型号编制方法，说明以下报警控制器的型号类型。

（1）JB—QTD—XXYYY。

（2）JBC—QBZ2L—XXYYYY。

（3）JB—T16GH3L—XXYYYY I。

**解：**

（1）JB—QTD—XXYYY 表示 XX 厂区域台式多线制火灾报警控制器，产品代号为 YYY。

（2）JBC—QBZ2L—XXYYYY 表示 XX 厂船用区域壁挂式两总线制火灾报警控制器（联动型），产品代号为 YYYY。

（3）JB—T16GH3L—XXYYYY I 表示 XX 厂通用柜式三总线无线混合制火灾报警控制器（联动型），可连接 16 台火灾报警控制器，产品代号为 YYYY，分型产品型号为 I。

## 二、火灾探测器的型号编制

火灾探测器的
型号编制

火灾探测器根据火灾参数的不同一般分为感烟、感温、感光、复合、气体等。火灾探测器产品型号由特征代号和规格代号两大部分组成。其中特征代号由类组型特征代号、传感器特征及传输方式代号构成，规格代号由厂家及产品代号和主参数及自带报警声响标志构成。其格式如下：

火灾探测器产品型号编制方法如下：

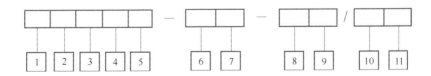

其中各个数字代表的含义如下。

1——消防产品中火灾报警设备分类代号，用"J"表示。

2——火灾探测器代号，用"T"表示。

3——火灾探测器类型分组代号。"Y（烟）"表示感烟火灾探测器；"W（温）"表示感温火灾探测器；"G（光）"表示感光火灾探测器；"Q（气）"表示气体敏感火灾探测器；"T（图）"表示图像摄像方式火灾探测器；"S（声）"表示感声火灾探测器；"F（复）"表示复合式火灾探测器。

4、5——应用范围特征代号。

4——防爆型，用"B"表示（型号中无"B"代号即为非防爆型，其名称中也无须指出"非防爆型"）。

5——船用型，用"C"表示（型号中无"C"代号即为陆用型，其名称中也无须指出"陆用型"）。

6——传感器特征表示法。

感烟火灾探测器传感器特征表示法："L（离）"表示离子；"G（光）"表示光电；"H（红）"表示红外光束；"LX"表示吸气型离子感烟火灾探测器；"GX"表示吸气型光电感烟火灾探测器。

感温火灾探测器传感器特征表示法：感温火灾探测器的传感器特征由两个字母表示，前一个字母为敏感元件特征代号，后一个字母为敏感方式特征代号。

敏感元件特征代号"M（膜）"表示膜盒；"S（双）"表示双金属；"Q（球）"表示玻璃球；"G（管）"表示空气管；"L（缆）"表示热敏电缆；"O（偶）"表示热电偶，热电堆；"B（半）"表示半导体；"Y（银）"表示水银接点；"Z（阻）"表示热敏电阻；"R（熔）"表示易熔材料；"X（纤）"表示光纤。敏感方式特征代号"D（定）"表示定温；"C（差）"表示差温；"O"表示差定温。

感光火灾探测器传感器特征表示法："Z（紫）"表示紫外；"H（红）"表示红外；"U"表示多波段。

气体敏感火灾探测器传感器特征表示法："B（半）"表示气敏半导体；"C（催）"表示催化。

图像摄像方式火灾探测器、感声火灾探测器传感器特征可省略。

复合式火灾探测器传感器特征表示法：复合式火灾探测器是对两种或两种以上火灾参数响应的火灾探测器。复合式火灾探测器的传感器特征用组合在一起的火灾探测器类型分组代号或传感器特征代号表示。列出传感器特征的火灾探测器用其传感器特征表示，其他用火灾探测器类型分组代号表示，感温火灾探测器用其敏感方式特征代号表示。

7——传感器特征表示法。"W（无）"表示无线传输方式；"M（码）"表示编码方式；"F（非）"表示非编码方式；"H（混）"表示编码、非编码混合方式。

8、9——厂家及产品代号表示法。厂家及产品代号为四到六位，前两位或前三位使用厂家名称中具有代表性的汉语拼音字母或英文字母表示厂家代号，其后用阿拉伯数字表示产品代号。

8——厂家代号表示法。

9——产品代号表示法。

10——主参数表示法。定温、差定温火灾探测器用灵敏度级别或动作温度值表示；差温火灾探测器、感烟火灾探测器的主参数无须反映；其他火灾探测器用能代表其响应特征的参数表示，复合火灾探测器主参数如为两个以上，其间用"/"隔开。

11——自带报警声响标志，用"B"表示。

【例3-2】 根据火灾探测器产品型号编制方法，说明以下火灾探测器的型号类型。

（1）JTY-LM-XXYY/B

（2）JTYBC-HM-XXYYYY

（3）JTW-BOF-XXYY/60B

（4）JTG-ZF-XXYY/I

（5）JTQ-BF-XXYYY/aB

（6）JTT-M-XXYY

（7）JTS-M-XXYY

（8）JTF-LOSM-XXYY/60/I

**解：**

（1）JTY-LM-XXYY/B 表示 XX 厂生产的编码、自带报警声响、离子感烟火灾探测器，产品代号为 YY。

（2）JTYBC-HM-XXYYYY 表示 XX 厂生产的船用防爆型、编码、线型红外光束感烟火灾探测器，产品代号为 YYYY。

（3）JTW-BOF-XXYY/60B 表示 XX 厂生产的非编码、自带报警声响、动作温度为 60℃、半导体感温元件、差定温感温火灾探测器，产品代号为 YY。

（4）JTG-ZF-XXYY/I 表示 XX 厂生产的非编码、紫外火焰探测器，灵敏度级别为 I 级，产品代号为 YY。

（5）JTQ-BF-XXYYY/aB 表示 XX 厂生产的非编码、自带报警声响、气敏半导体式火灾探测器，主参数为 a，产品代号为 YYY。

（6）JTT-M-XXYY 表示 XX 厂生产的编码、图像摄像方式火灾探测器，产品代号为 YY。

（7）JTS-M-XXYY 表示 XX 厂生产的编码、感声火灾探测器，产品代号为 YY。

（8）JTF-LOSM-XXYY/60/I 表示 XX 厂生产的编码、感声与离子感烟与差定温复合式火灾探测器，动作温度为 60℃，感声灵敏度级别为 I 级，产品代号为 YY。

## 3.2　编码器的使用

### 一、认识编码器

编码器的使用

这里以海湾 GST-BMQ-2 型电子编码器（图 3-1）为例，讲解编码器的基础知识。海湾 GST-BMQ-2 型电子编码器利用键盘操作，输入十进制数。可以用电子编码器，读写探测器的地址和灵敏度，读写模块类产品的地址和工作方式，并可以浏览设备批次号，设置 ZF-GST 8903 火灾显示盘地址、灯的总数及每个灯所对应的用户编码，现场调试维护方便。

图 3-1　海湾 GST-BMQ-2 型电子编码器

### 二、编码器的操作

#### 1. 海湾 GST-BMQ-2 型电子编码器的使用

海湾 GST-BMQ-2 型电子编码器的外形结构如图 3-2 所示，使用方法如下。

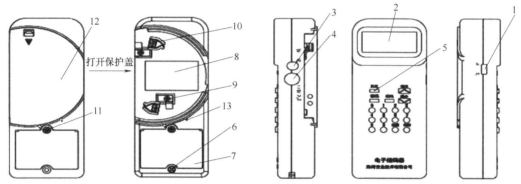

**图 3-2　海湾 GST-BMQ-2 型电子编码器的外形结构**

1—电源开关　2—液晶屏　3—总线插口　4—接口（I2C）　5—复位键　6—固定螺栓　7—电池盒后盖
8—铭牌　9—G3 系列探测器总线接口　10—GST 9000 系列探测器总线接口　11—电池盒后盖螺栓
12—保护盖　13—探测器对位标识

1）电池的初次安装。打开电池盖螺栓和电池盒后盖，将电池正确扣在电池扣上，装入电池盒内，盖好后盖，拧紧螺栓。

2）电池的更换。如果液晶屏前部有"LB"字符显示，表明电池已经欠压，应及时进行更换。注意：更换前应关闭电源开关；从电池扣上拔下电池时不要用力过大。

3）系统连线。

① 与探测器、模块连接：将连接线的一端插在编码器的总线插口内，另一端的两个夹子分别夹在探测器或模块的对应接线端子上。

② 与火灾显示盘连接：将连接线的一端插在编码器的火灾显示盘接口（I2C）内，另一端的连接器头插在火灾显示盘和其他探测器的连接器座上。

4）开机。将电源开关拨到"开"的位置，此时在液晶屏上显示"H002"，表明工作正常。

5）自动关机的复位。当编码器由于长时间不用自动关机后，按下复位键可以使系统重新上电并恢复正常工作状态。

6）地址码的写入操作。在待机状态，输入探测器等总线设备的地址编码（例如 1~242 之间的任何数字），按下"编码"键，编码成功显示"P"，错误显示"E"，按"清除"键回到待机状态。

7）地址码的读出操作。按下"读码"键，液晶屏上将显示探测器等总线设备的地址编码；按"增大"键，将依次显示灵敏度级别或模块输入参数、设备类型号、配置信息。查阅完信息，按"清除"键可回到待机状态。如果读码失败，屏幕上将显示"E"，按"清除"键即可清除。

8）故障分析与排除。

① 开机不显示：检测电池扣与线路板是否断路，与电池连接是否牢固，否则为电路

内部损坏。

② 不能编码：确定探测器或模块完好，确定连接总线端子正确，检查总线是否断路或短路，否则为电路内部损坏。

**2. 北大青鸟 JBF-6481-E 电子编码器**（图 3-3）**的使用**

1）开机连接。将编码线夹插入上部插座中，按下"功能"键完成开机，可直接显示功能菜单。不同协议菜单略有差异，通过"向上"键或者"向下"键可以选择所需要的功能；按下"确认"键，进入相应功能；另外，按菜单对应数字键也可进入相应功能菜单。

2）写入地址。选择"写地址"，进入写地址功能，按下数字键输入地址号，然后按下"确认"键可以给现场部件写入对应地址。写地址成功后会有"嘀"一声提示音，地址数自动加 1，并且显示屏出现"成功"字样；如果写入失败，则会有"嘀

图 3-3　北大青鸟 JBF-6481-E 电子编码器

嘀"两声提示音，并且出现"失败"字样；按下"删除"键，可以重新写入其他地址；按下"功能"键可以回到主菜单界面。

3）读出地址。选择"读地址"菜单，进入读地址功能后，按下"确认"键可以读取现场部件的地址。读出后，地址会显示在界面上，会有"嘀"一声提示音；如果读取失败，则显示"000"。按下"功能"键可以回到主菜单界面。

**3. 上海松江 F-BMQ-2 电子编码器的使用**

1）电池安装。需要 4 节 5 号电池（即 AA 电池），安装在编码器背后的电池仓中，注意正负极，不可装反。

2）开机。长按"ON/OFF"键可以打开编码器，编码器打开后按一下 ON/OFF 键可以打开或关闭屏幕的背景光。编码器打开后屏幕上会显示出电池的电压值以及编码产品系列的选择，编码器上列出了 1000 系列、3208 系列和 9000 系列三个系列，如图 3-4 所示。

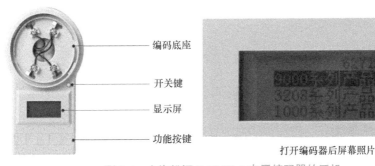

打开编码器后屏幕照片

图 3-4　上海松江 F-BMQ-2 电子编码器的开机

3）编码操作。感烟探测器进行编码操作，将探测器拧在编码底座上，轻触菜单键可以在 3 个系列当中进行切换，选择相应探测器所属的系列进入下级菜单，如图 3-5 所示。

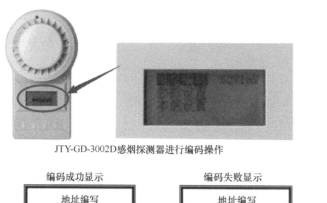

JTY-GD-3002D感烟探测器进行编码操作

编码成功显示

| 地址编写 | | |
|---|---|---|
| 地址 | 153 | 367uA |
| 状态 | 成功 | 096 |

编码失败显示

| 地址编写 | | |
|---|---|---|
| 地址 | 153 | 023uA |
| 状态 | 等待 | |

图 3-5　上海松江 F-BMQ-2 电子编码器的编码

编码成功后，地址码将自动后移一个地址，方便连续编址，也可自行修改地址号继续编写；若编码失败，应检查连接线、电源状态和设备，排除故障后再编写，如果无法解决问题，可以联系供应商或者售后部门。

4）读码操作。完成编码后检查读码应用地址搜索功能，若搜索失败，应检查连接线、电源状态和设备，排除故障后再搜索；如果无法解决问题，可以联系售后部门。

4. 利达 LD128EN-101 电子编码器（图 3-6）的使用

1）电池安装、接线。将底部的电池盖拉开，电池槽中放入 9V 电池扣，将二总线插头插在编码器顶部的插孔中。

2）开机。打开编码器上侧的 ON/OFF 开关。

3）写入地址。如对探测器写入地址为 228，按"写"键，使液晶的第 4 位显示"P"，按"移位"键，将移位标记移至百位，此时按"+"/"−"键，使液晶百位显示为"2"，将移位标记移至十位，此时按"+"/"−"按键，使液晶十位显示为"2"，将移位标记移至个位，此时按"+"/"−"按键，使液晶个位显示为"8"，按"确认"键，如写入正确，地址数自动加 1。

4）读出地址。按住"读"键，第 4 位显示"C"，再按"确认"键，1~3 位显示读出的探测器地址。

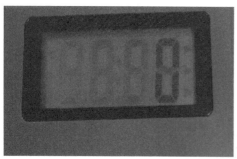

图 3-6　利达 LD128EN-101 电子编码器

# 3.3  消防管线的敷设

## 一、线材的选择

根据《火灾自动报警系统设计规范》（GB 50116—2013）的规定，火灾自动报警系统的传输线路和 50V 以下供电的控制线路，应采用电压等级不低于交流 300/500V 的铜芯绝缘导线或铜芯电缆。交流 220/380V 的供电和控制线路，应采用电压等级不低于交流 450/750V 的铜芯绝缘导线或铜芯电缆。

消防管线的敷设

火灾自动报警系统传输线路的线芯截面选择，除应满足自动报警装置技术条件的要求外，还应满足机械强度的要求。铜芯绝缘导线和铜芯电缆线芯的最小截面面积，不应小于表 3-1 的规定。

表 3-1  铜芯绝缘导线和铜芯电缆线芯的最小截面面积

| 序号 | 类别 | 线芯的最小截面面积 /mm² |
|------|------|------------------------|
| 1 | 穿管敷设的绝缘导线 | 1.00 |
| 2 | 线槽内敷设的绝缘导线 | 0.75 |
| 3 | 多芯电缆 | 0.50 |

火灾自动报警系统的供电线路和传输线路设置在室外时，应埋地敷设。火灾自动报警系统的供电线路和传输线路设置在地（水）下隧道或湿度大于 90% 的场所时，线路及接线处应做防水处理。

1）采用无线通信方式的系统设计，应符合下列规定。

① 无线通信模块的设置间距不应大于额定通信距离的 75%。

② 无线通信模块应设置在明显部位，且应有明显标识。

2）《阻燃和耐火电线电缆或光缆通则》（GB/T 19666—2019）对电线电缆的阻燃、耐火、无卤、低烟、低毒等方面特性进行了定义，综合参考《火灾自动报警系统设计规范》（GB 50116—2013）、《建筑设计防火规范（2018 年版）》（GB 50016—2014）、《民用建筑电气防火设计规程》（DGJ 08—2048—2016）等，消防设备配电线路的参数选择宜参照以下思路。

① 对于一类及以上的高层建筑或供电负荷等级为一级的建筑，消防配电干线或专放至消防水泵、消防控制室、防烟排烟机房及消防电梯等消防设备终端的电源线路，采用耐火温度 950℃、持续供电时间 180min 的耐火电缆。

② 对于供电负荷等级为二级及以下的消防设备，采用耐火温度 750℃、持续供电时间 90min 的耐火电缆。当其敷设于公共区域路径时，应敷设于保护管、槽盒内。

③ 对于所有消防设备的分支线路、消防联动控制线路及消防机房内配电线路，可采用 ZR-、NH- 等绝缘铜芯电线或电缆穿管暗敷，并敷设于不燃性结构层内且其保护层厚度不小于 30mm。

在本节中，综合考虑国家标准规范、工程实际及现场安装需求，火灾自动报警系统的传输线采用 NH-RVS-2×1.5mm² 耐火型铜芯聚氯乙烯绝缘绞型软线（红正蓝负）；50V 以下供电控制线采用 NH-RVS-2×1.5mm² 耐火型铜芯聚氯乙烯绝缘绞型软线（红正黑负）；交流 220V 单相电路中采用 NH-BV-3×2.5mm² 耐火型铜芯聚氯乙烯绝缘电线（相线红色、中性线蓝色、接地线黄绿色）；交流 380V 三相电路中采用 NH-BV-5×2.5mm² 耐火型铜芯聚氯乙烯绝缘电线（相线颜色分别为黄色、绿色、红色，中性线蓝色，接地线黄绿色），如图 3-7 所示。

NH-RVS-2×1.5mm²　　　　NH-BV-3×2.5mm²　　　　NH-BV-5×2.5mm²

图 3-7　消防线缆

## 二、线槽的施工

根据《火灾自动报警系统设计规范》（GB 50116—2013）的规定，火灾自动报警系统的传输线路应采用金属管、可挠（金属）电气导管、B1 级以上的钢性塑料管或封闭式线槽保护。

火灾自动报警系统用的电缆竖井，宜与电力、照明用的低压配电线路电缆竖井分别设置。受条件限制必须合用时，应将火灾自动报警系统用的电缆和电力、照明用的低压配电线路电缆分别布置在竖井的两侧。其中，在电缆竖井、过道吊顶等主干线路处，宜采用有防火保护措施的封闭式金属线槽，即防火桥架。

防火桥架分为薄涂型和厚涂型两类，产品必须经过专业检测机构检测合格后，才可验收使用。不同施工环境对桥架防火涂层的选择不同：室内裸露处安装，使用薄涂型钢结构防火涂料，其耐火极限在 1.5h 及以下；室内隐蔽处安装，使用厚涂型钢结构防火涂料，其耐火极限为 1.5h 以上。

桥架的安装应因地制宜选择支（吊）架，桥架可以水平、垂直敷设，可以直角或弯角，可进行 T 字形或者十字形分支，根据设计要求，可进行高低或者宽窄变化。常见桥架造型如图 3-8 所示。

根据在桥架中敷设线缆的规格数量，可以计算桥架的大小选型：

$$S_0 = n_1 \times s_1 + n_2 \times s_2 + n_3 \times s_3 + \cdots \cdots \tag{3-1}$$

其中，$S_0$ 为桥架内线缆的总面积，$s_1$、$s_2$、$s_3$……为各类线缆的横截面积，$n_1$、$n_2$、$n_3$……为相应线缆的根数。

一般电缆桥架的填充率取 40% 左右，故需要的桥架横截面积为：

$$S = S_0/0.4 \tag{3-2}$$

则电缆桥架的宽度为:

$$b= S/h = S_0/ (h \times 0.4)$$ （3-3）

其中 $h$ 为桥架的净高。

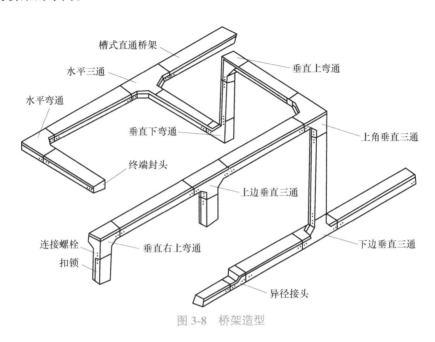

图 3-8  桥架造型

在本节中，综合考虑国家标准规范、工程实际及现场安装需求，火灾自动报警系统主干线路布线采用桥架，选用 50mm×50mm×1mm 规格的防火桥架，以托臂水平安装的形式在工位的网孔板上安装，如图 3-9 所示。

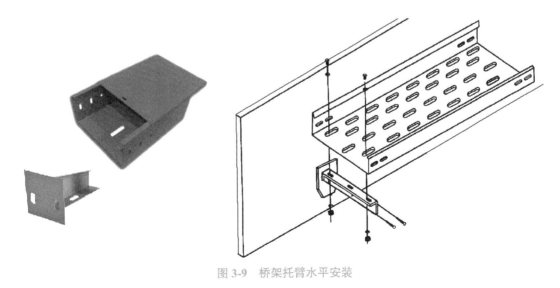

图 3-9  桥架托臂水平安装

工位桥架具体安装步骤如下。

1）根据设计图或施工方案，确定桥架安装位置，并在网孔板上确定支架的安装位置，要求支架间隔 1m，安装时用水平尺找平，以保证桥架安装的观感质量。

2）把桥架水平放置在支架上，用螺栓固定，螺母应位于梯架、托盘外侧。

3）桥架两两之间采用专用连接片进行连接，并采用铜跨接地线进行可靠接地，跨接地线要留有余量。

4）在工位拐角处采用成品桥架水平弯进行连接，水平弯不宜自制。

5）桥架应铺设平整，盖板应无翘角，接口应严密、整齐，桥架末端应加装封堵。

6）线管与桥架的连接处，应使用开孔器开孔，安装螺接，确保 KBG 管（套接扣压式薄壁钢导管）与桥架连接美观牢固，如图 3-10 所示。

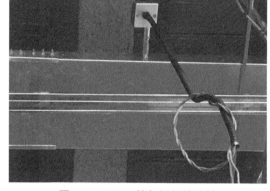

图 3-10　KBG 管与桥架的连接

### 三、线管的施工

根据《火灾自动报警系统设计规范》（GB 50116—2013）的规定，线路暗敷设时，应采用金属管、可挠（金属）电气导管或 B1 级以上的刚性塑料管保护，并应敷设在不燃烧体的结构层内，且保护层厚度不宜小于 30mm；线路明敷设时，应采用金属管、可挠（金属）电气导管或金属封闭线槽保护。矿物绝缘类不燃性电缆可直接明敷。

1）当前消防线缆支线的敷设大多采用 KBG 管。KBG 管具有以下优点。

① 重量轻：在保证管材具有一定强度的条件下，降低了管壁的厚度，运输、施工都更方便。

② 价格便宜：管壁由薄壁代替厚壁，节省了钢材，降低了工程造价。

③ 施工简便：以扣压连接取代了传统的螺纹连接或焊接施工，省去了多种施工设备和施工环节，提高了施工效率。

④ 安全施工：无须焊接，施工现场无明火，杜绝了火灾隐患，确保了施工安全。

KBG 管及其常用配件的外观如图 3-11 所示。

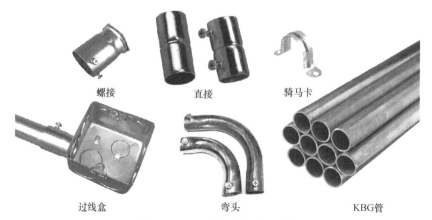

螺接　　　　　　直接　　　　　　骑马卡

过线盒　　　　　　弯头　　　　　　KBG 管

图 3-11　KBG 管及其常用配件

2）在实际工程施工中，当存在下列情况之一时，电线管路中间应增设拉线盒或接线盒，其位置应便于穿线。

① 电线管路长度每超过 30m，无弯曲。

② 电线管路长度每超过 20m，有一个弯曲。

③ 电线管路长度每超过 15m，有两个弯曲。

④ 电线管路长度每超过 8m，有三个弯曲。

3）电线管路明敷设时，应横平竖直、排列整齐，宜与建筑物、构筑物的棱线相协调，并符合下列规定。

图 3-12 多根 KBG 管引入桥架

① 电线管路的水平度、垂直度偏差不大于 1.5‰，且全长偏差不大于 10mm。

② 引入导管与接线盒（箱）、线槽的进线孔不在同一轴线时，导管采用专用弯管器双弯后顺直引入。多根导管引入接线盒（箱）、线槽时，导管间的双弯弧度基本一致，且一孔一管，排列整齐，如图 3-12 所示。

③ 导管顺直引入盒（箱）、线槽，并在敲落孔或机械开孔处连接，其管径与敲落孔或机械开孔的孔径相吻合，盒（箱）、线槽不得使用电、气焊开孔，不得开长孔。

④ 导管与盒（箱）、线槽的连接采用螺纹接头连接。当盒（箱）、线槽表面有绝缘材料覆盖时，采用爪型螺纹接头连接，且锁紧。当采用非爪型螺纹接头连接时，应对导管和盒（箱）、线槽采取接地措施。

⑤ 与设备间接连接时，宜经可弯曲导管或柔性导管过渡，可弯曲导管或柔性导管与导管端部和设备接线盒的连接固定均可靠，且有密闭措施。

4）在本节中，综合考虑国家标准规范、工程实际及现场安装需求，火灾自动报警系统分支线路布线采用 $\phi$20 规格的 KBG 管，以明管敷设的形式在工位的网孔板上安装，如图 3-13 所示。

图 3-13 明管敷设 KBG 管

工位 KBG 管具体安装步骤如下。

① 根据设计图或施工方案，确定设备安装位置，安装底盒、接线盒。

② 根据盒间距，使用不锈钢管割刀将 KBG 管切割加工至合适的长度，如图 3-14 所示。

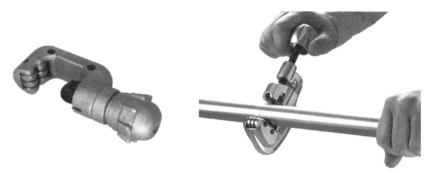

图 3-14    切割加工 KBG 管

③ 使用电动开孔器为桥架、设备箱、接线盒或底盒等开孔，注意开孔器规格应与 KBG 管管径相匹配，有多个孔时应排列整齐。孔开好后安装螺接。

④ 安装 KBG 管，将桥架、设备箱、接线盒或底盒等进行连接，使用骑马卡将 KBG 管固定在网孔板上，要求牢固、平直、排列整齐。

### 四、线缆布放

当桥架和 KBG 管都敷设安装完毕后，就可以布放消防线缆。根据《火灾自动报警系统设计规范》（GB 50116—2013）的规定，不同电压等级的线缆不应穿入同一根保护管内，当合用同一线槽时，线槽内应有隔板分隔。采用穿管水平敷设时，除报警总线外，不同防火分区的线路不应穿入同一根管内。从接线盒、线槽等处引到探测器底座盒、控制设备盒、扬声器箱的线路，均应加金属保护管保护。火灾探测器的传输线路，宜选择不同颜色的绝缘导线或电缆。正极 "+" 线应为红色，负极 "–" 线应为蓝色或黑色。同一工程中相同用途导线的颜色应一致，接线端子应有标号。

根据综合布线系统工程施工规范，线缆应按下列要求敷设。

1) 线缆的型式、规格应与设计规定相符。

2) 线缆的布放应自然平直，不得产生扭绞、打圈接头等现象，不应受外力的挤压和损伤。

3) 线缆两端应贴有标签，应标明编号，标签书写应清晰、端正和正确。标签应选用不易损坏的材料。

4) 线缆终接后，应有余量。主机设备端电缆预留长度宜为 0.2m，前端设备端电缆预留长度宜为 0.15m，有特殊要求的应按设计要求预留长度。

5) 线管、线槽内不允许有线缆的续接，线缆必须保持完整、无破损。

6) 在布线施工过程中，应特别注意均匀用力、轻拉轻放，在线路转弯或者过长处，必须有人接送，不规范的施工操作有可能导致线缆损伤。

7）线槽内线缆布放完毕后应盖好槽盖，做好终端封堵，满足防火、防潮、防鼠害等要求。

在本节中，采用号码管对线缆进行标识，线缆与接线端子的连接应美观、牢固、可靠。

# 3.4　火灾报警设备的安装

## 一、火灾探测器的安装

火灾报警
设备的安装

根据《火灾自动报警系统施工及验收标准》（GB 50166—2019）的要求，不同类型的探测器安装都有不同的施工要求。探测器报警确认灯应朝向便于人员观察的主要入口方向，如图 3-15 所示，且在即将调试时方可安装，在调试前应妥善保管并应采取防尘、防潮、防腐蚀措施。

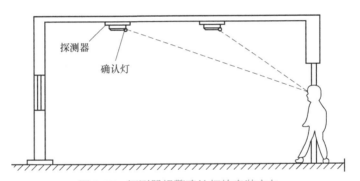

探测器

确认灯

图 3-15　探测器报警确认灯的安装方向

探测器底座的安装应符合下列规定。

1）安装牢固，与导线连接应可靠压接或焊接，当采用焊接时，不应使用带腐蚀性的助焊剂。

2）连接导线应留有不小于 150mm 的余量，且在其端部设置明显的永久性标识。

3）穿线孔宜封堵，安装完毕的探测器底座应采取保护措施。

安装探测器底座时，应先将预留在盒内的导线剥出线芯 10~15mm。火灾探测器的接线应按设计和生产厂家的要求进行，一般探测器的接线端子有 2~4 个，但并不是每个端子都要有进出线相连接。参照产品说明书进行接线，将底座用配套的螺栓固定在 86H50 预埋盒上，待底座安装牢固后，将探测器底部对正底座顺时针旋转，即可将探测器安装在底座上，探测器安装方式如图 3-16 所示。

各生产厂家的产品大同小异，各种点型火灾探测器安装方式基本一样。探测器 DZ-02 通用底座如图 3-17 所示，底座上有 4 个导体片，导体片上带接线端子，底座上不设定位卡，便于调整探测器报警指示灯的方向。预埋管内的探测器总线分别接在任意对角的两个接线端子上（不分极性），另一对导体片用来辅助固定探测器。

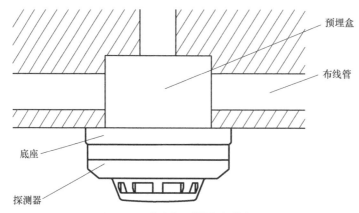

图 3-16　火灾探测器的安装方式

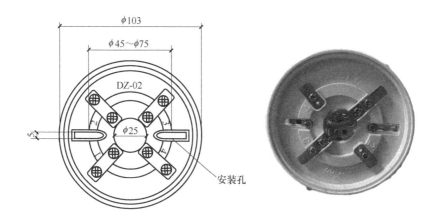

图 3-17　火灾探测器 DZ-02 通用底座及接线示例

以 GST-BT002M 可燃气体探测器为例，该探测器由两部分构成：探测器及底座，其结构特征如图 3-18 所示。

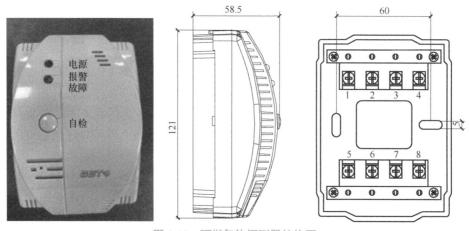

图 3-18　可燃气体探测器结构图

　　首先将探测器底座固定在 86H50 预埋盒上（注意底座的安装方向：应将底座上的箭头向上安装），然后根据接线端子说明，将引线固定到底座上，最后将探测器安装到底座上，其对外接线端子示意图如图 3-19 所示。

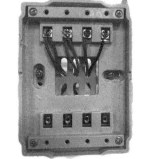

图 3-19　对外接线端子示意图

　　图 3-19 中，D1、D2 接电源总线，无极性；Z1、Z2 接信号总线，无极性。探测器二总线宜选用截面积 ≥ $1.0mm^2$ 的耐火 RVS 双绞线，穿金属管或阻燃管敷设（图 3-20）。

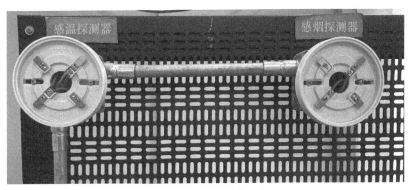

图 3-20　探测器接线示例

## 二、手动火灾报警按钮的安装

　　手动火灾报警按钮安装在公共场所，一般含电话插孔。当人工确认发生火灾后，按下报警按钮上的按片，即可向控制器发出报警信号，控制器接收到报警信号后，将显示出报警按钮的编码信息并发出报警声响，将消防电话分机插入电话插孔即可与电话主机通信。

　　每个防火分区应至少设置一只手动火灾报警按钮。从一个防火分区内的任何位置到相邻的手动火灾报警按钮的步行距离不应大于 30m。

　　手动火灾报警按钮（图 3-21）应设置在明显和便于操作的部位。通常宜设置在疏散通道或出入口处。列车上应设置在每节车厢的出入口和中间部位。当安装在墙上时，其底边距地高度宜为 1.3~1.5m，且应有明显的标志。

图 3-21　手动火灾报警按钮

　　本节使用的是 J-SAM-GST9122、J-SAM-GST9122B 手动火灾报警按钮，含电话插孔。作为手动火灾报警按钮使用时，将报警按钮的 Z1、Z2 端子直接接入火灾报警控制器总线上即可，如图 3-22 所示。作为手动火灾报警按钮及消防电话插孔使用时，将报警按钮的 Z1、Z2 端子直接接入火灾报警控制器总线上，同时将报警按钮的 TL1、TL2 端子与 GST-LD-8304 消防电话模块连接，如图 3-23 所示（最末端报警按钮的 TL1、TL2 接线端子接 4.7kΩ 终端电阻）。

a）J-SAM-GST9122手动火灾报警按钮

b）J-SAM-GST9122B手动火灾报警按钮

图 3-22　手动火灾报警按钮外观和接线示例

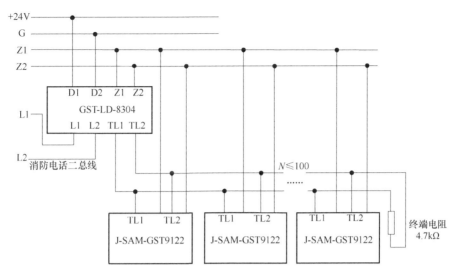

a) J-SAM-GST9122手动火灾报警按钮

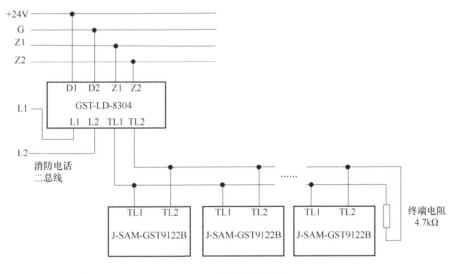

b) J-SAM-GST9122B手动火灾报警按钮

图 3-23  作为手动火灾报警按钮及消防电话插孔使用时的接线示例图

## 三、火灾声光警报器的安装

火灾光警报装置应安装在楼梯口、消防电梯前室、建筑内部拐角等处的明显部位，且不宜与消防应急疏散指示标志灯具安装在同一面墙上；确需安装在同一面墙上时，距离不应小于 1m。

本节使用的是 GST-MD-M9514 火灾光警报器（图 3-24），用于显示室内火灾探测器报警情况，一般安装在巡视观察方便的地方，如会议室、餐厅、房间等门口上方，当房间内探测器报警时，警报器上的指示灯根据警报器设置的设备类型自动闪亮，也可以通过控制器联动启动闪亮，使工作人员在不进入室内的情况下就可知道室内的探测器已触发报警。

图 3-24    GST-MD-M9514 火灾光警报器

火灾光警报器采用明装，进线管预埋安装，将底盒安装在 86H50 型预埋盒上，底盒上的 Z1、Z2 与对应探测器信号二总线相连接。火灾光警报器正中处有一红色高亮度发光区，当对应的探测器触发时，该区红灯闪亮。

每个报警区域应均匀设置火灾警报器，声压级不应小于 60dB；环境噪声大于 60dB 的场所，其声压级高于背景噪声 15dB。

当火灾警报器采用壁挂方式安装时，其底边距地面高度应大于 2.2m。

火灾声光警报器是一种安装在现场的声光报警设备，当现场发生火灾并确认后，安装在现场的火灾声光警报器可由消防控制中心的火灾报警控制器启动，发出强烈的声光报警信号，以达到提醒现场人员注意的目的。

本节所选的是 GST-HX-100B、GST-HX-240B、GST-HX-320B 型火灾声光警报器，可直接接入火灾报警控制器的信号二总线（需由电源系统提供两根 DC24V 电源线），如图 3-25 和图 3-26 所示。

a) GST-HX-100B型火灾声光警报器

b) GST-HX-240B型火灾声光警报器

c) GST-HX-320B型火灾声光警报器

图 3-25    火灾声光警报器外观

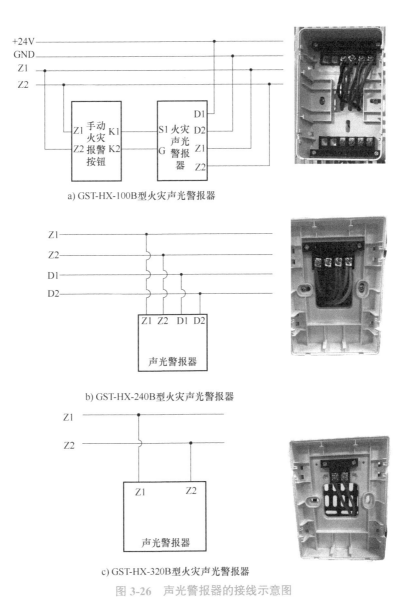

a) GST-HX-100B型火灾声光警报器

b) GST-HX-240B型火灾声光警报器

c) GST-HX-320B型火灾声光警报器

图 3-26　声光警报器的接线示意图

### 四、火灾显示盘的安装

火灾显示盘是一种可以安装在楼层或独立防火区内的火灾报警显示装置。当消防控制中心的报警控制器报警，同时把报警信号传输到失火区域的火灾显示盘上，显示盘会显示报警的探测器编号及相关信息并发出报警声响。

每个报警区域宜设置一台火灾显示盘，一个报警区域包括多个楼层，每个楼层需设置一台火灾显示盘。火灾显示盘应设置在出入口等明显和便于操作的部位；当安装在墙上时，其底边距地面高度宜为 1.3~1.5m。

本节使用的是 GST-ZF-500Z、GST-ZF-520Z 火灾显示盘（图 3-27），是用单片机设计开发的汉字式火灾显示盘，用来显示已报火警探测器的位置编号及其汉字信息，并发出声光报警信号。它通过消防总线与 GST200、GST500、GST5000、GST9000、GSTN1500、

GSTN3200、GST1500H、GST5000H 及 GST9000H 等火灾报警控制器相连，处理并显示火灾报警控制器传送过来的数据。当用一台火灾报警控制器同时监控数个楼层或防火分区时，可在每个楼层或防火分区设置火灾显示盘以取代区域火灾报警控制器。火灾报警控制器每个回路最多可配接 242 台火灾显示盘。

火灾显示盘分底座及显示盘两部分，采用壁挂式安装，外接线路可直接与火灾显示盘的底座连接。其中 GST-ZF-500Z 火灾显示盘安装示意图如图 3-28 所示，Z1、Z2 为与火灾报警控制器连接的通信总线，不分极性；D1、D2 为电源供电线，不分极性。一般布线时，外 Z1、外 Z2 与火灾报警控制器连接的通信总线 Z1、Z2 分别相连，外 D1、外 D2 与电源供电线 D1、D2 分别相连，内 Z1、内 Z2、内 D1、内 D2 与火灾显示盘接线端子 Z1、Z2、D1、D2 分别相连。

a) GST-ZF-500Z 火灾显示盘

b) GST-ZF-520Z 火灾显示盘

图 3-27　火灾显示盘外观和接线示例

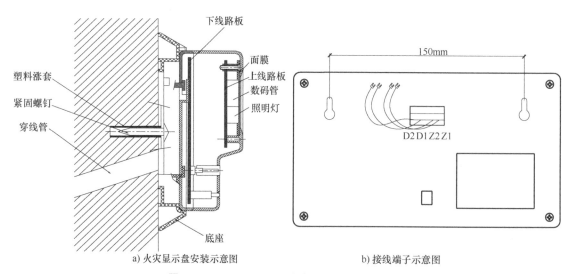

a) 火灾显示盘安装示意图　　　　b) 接线端子示意图

图 3-28　GST-ZF-500Z 火灾显示盘安装示意图

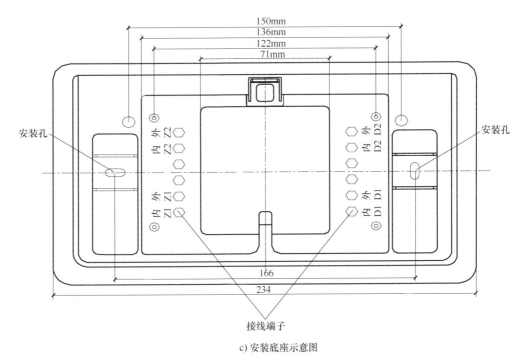

c) 安装底座示意图

图 3-28　GST-ZF-500Z 火灾显示盘安装示意图（续）

GST-ZF-520Z 火灾显示盘将底座用两个螺钉固定在墙内接线盒（86 盒）上，将墙内接线盒里引出的导线连接到底座接线端子上，用压线螺钉压紧，其中 Z1、Z2 不分极性。将火灾显示盘背部方形凹槽区域对正底座外形（此时显示盘背部两插针对正底座黑色端子两孔），以垂直底座方向用力将显示盘推向墙壁（直至推不动为止），底座卡勾卡住显示盘即完成安装，如图 3-29 所示。

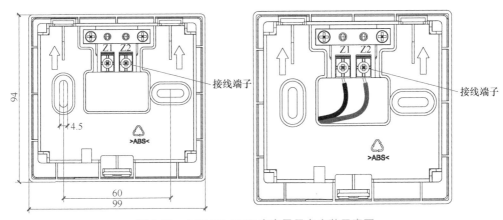

图 3-29　GST-ZF-520Z 火灾显示盘安装示意图

## 五、消火栓按钮的安装

消火栓按钮是手动启动消火栓系统的控制按钮，通常安装在消火栓箱内，当人工确认发生火灾后，按下此按钮，即可启动消防水泵，同时向火灾报警控制器发出报警信号，火灾报警控制器接收到报警信号，将显示出按钮的编码号，并发出报警声响。

消火栓按钮采用明装方式，进线管分为明装和暗装。进线管暗装时只需拔下按钮，从底壳的进线孔中穿入电缆并接在相应端子上，再插好按钮即可安装好。进线管明装时只需拔下按钮，将底壳下端的敲落孔敲开，从敲落孔中穿入电缆并接在相应端子上，再插好按钮即可安装好，安装孔距为 60mm，如图 3-30 所示。

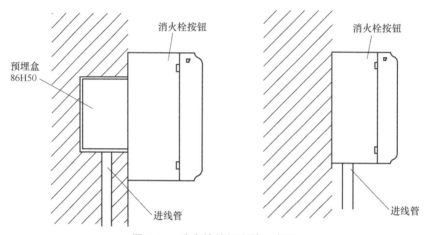

图 3-30    消火栓按钮安装示意图

本节使用的是 J-SAM-GST9123、J-SAM-GST9123B 型消火栓按钮（图 3-31），为编码型消火栓按钮，可直接接入控制器总线，占一个地址编码。消火栓按钮表面装有一按片，当启用消火栓时，可直接按下按片，此时消火栓按钮的红色启动指示灯亮，表明已向消防控制室发出了报警信息，火灾报警控制器在确认了消防水泵已启动运行后，就向消火栓按钮发出命令信号点亮绿色回答指示灯。

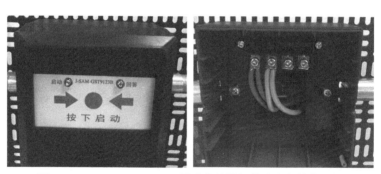

图 3-31    J-SAM-GST9123B 型消火栓按钮的外观和接线示例

消火栓按钮与火灾报警控制器及泵控制箱的连接可分为总线制启泵方式和多线制直接启泵方式。采用总线制启泵方式时，消火栓按钮直接和信号二总线连接，如图 3-32 所示，消火栓按钮按下，即向控制器发出报警信号，控制器发出启泵命令并确认泵已启动后，将点亮消火栓按钮上的绿色回答指示灯。

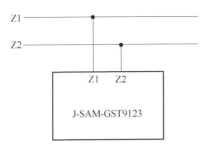

图 3-32　J-SAM-GST9123 消火栓按钮总线制启泵方式应用接线示意图

消火栓按钮直接启泵方式如图 3-33 所示，消火栓按钮按下，可直接控制消防泵的启动，泵运行后，火灾报警控制器确认泵已启动，将点亮消火栓按钮上的绿色回答指示灯。

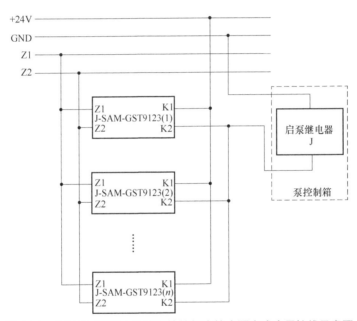

图 3-33　J-SAM-GST9123 消火栓按钮直接启泵方式应用接线示意图

## 六、模块的安装

模块的安装主要分为现场模块和模块箱的安装。现场模块主要有输入模块、切换模块、双动作切换模块、输入/输出模块、隔离器、扬声器模块等。本节主要讲解常见的输入模块、输入/输出模块、隔离器，以海湾不同型号的模块为例。

同一报警区域内的模块宜集中安装在金属箱内。集中设置的模块附近要有尺寸不小于 100mm×100mm 的标识。模块（或金属箱）应独立支撑或固定，安装牢固，并应采取防潮、防腐蚀等措施，隐蔽安装时在安装处应有明显的部位显示和检修孔。模块严禁设置在配电（控制）柜（箱）内，模块的连接导线应留有不小于 150mm 的余量，其端部应有明显标志。

（1）输入模块　输入模块用于接收消防联动设备输入的常开或常闭开关信号，并将联动信息传回火灾报警控制器（联动型），主要用于配接现场各种主动型设备（如水流指示器、压力开关、位置开关、信号阀及能够送回开关信号的外部联动设备等）。这些设备动作后，输出的动作信号可由模块通过信号二总线送入火灾报警控制器，产生报警，并可通过火灾报警控制器来联动其他相关设备动作。

　　本节使用的是 GST-LD-8300、GST-LD-8300A、GST-LD-8300B 型输入模块（图 3-34），输入端具有检线功能，可现场设为常闭检线、常开检线输入，应与无源触点连接。本模块可采用电子编码器完成编码设置，当模块本身出现故障时，控制器将产生报警并可将故障模块的相关信息显示出来。

a) GST-LD-8300型输入模块

b) GST-LD-8300A型输入模块

c) GST-LD-8300B型输入模块

图 3-34　输入模块的外观和接线示例

　　三种型号的输入模块，外观有所不同，但其接线端子一样，有 Z1、Z2、I、G 四个接线端子，其对外端子 Z1、Z2 与控制器信号二总线相连接，I、G 与设备的无源常开触点

（设备动作闭合报警型）连接；也可通过电子编码器设置为常闭输入。布线时，信号总线 Z1、Z2 采用阻燃 RVS 型双绞线，截面积 $\geq 1.0\text{mm}^2$；I、G 采用阻燃 RV 软线，截面积 $\geq 1.0\text{mm}^2$。

模块输入端如果设置为"常闭检线"状态输入，模块输入线末端（远离模块端）必须串联一个 $4.7\text{k}\Omega$ 的终端电阻；模块输入端如果设置为"常开检线"状态输入，模块输入线末端（远离模块端）必须并联一个 $4.7\text{k}\Omega$ 的终端电阻。输入模块与现场设备的接线如图 3-35 所示，其中模块与具有常开无源触点的现场设备连接方法如图 3-35a 所示，模块输入参数设为常开检线；模块与具有常闭无源触点的现场设备连接方法如图 3-35b 所示，模块输入参数设为常闭检线。

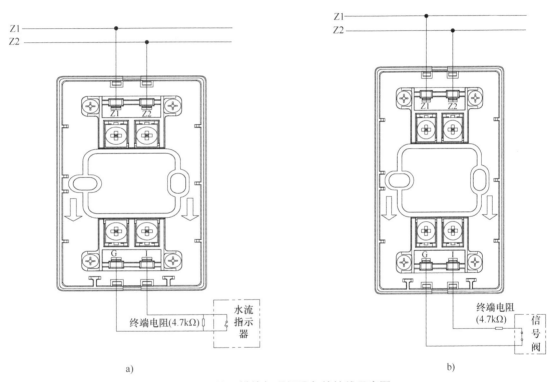

图 3-35 输入模块与现场设备的接线示意图

（2）输入/输出模块 输入/输出模块用于连接需要火灾报警控制器控制的消防联动设备，如排烟阀、送风阀、防火阀等，并可接收设备的动作回答信号。

本节使用的是 GST-LD-8301、GST-LD-8301A 型输入/输出模块，外观和接线如图 3-36 所示，Z1、Z2 与控制器采用无极性信号二总线连接，D1、D2 与 DC 24V 电源采用无极性电源二总线连接，I、G 与被控制设备无源常开触点连接，用于实现设备动作回答确认（也可通过电子编码器设为常闭输入或自回答），COM、NO 为无源常开输出端子。

输入/输出模块的输入端应用方法与输入模块一致。

输出控制电压可由被控设备提供；若被控设备不能提供，可从模块 DC24V 电源侧取电。模块与被控制设备的接线示意图如图 3-37 所示。

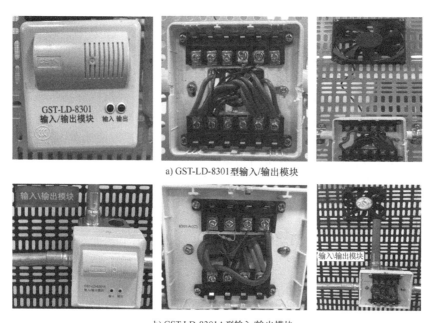

a) GST-LD-8301型输入/输出模块

b) GST-LD-8301A型输入/输出模块

图 3-36　输入 / 输出模块的外观和接线示例

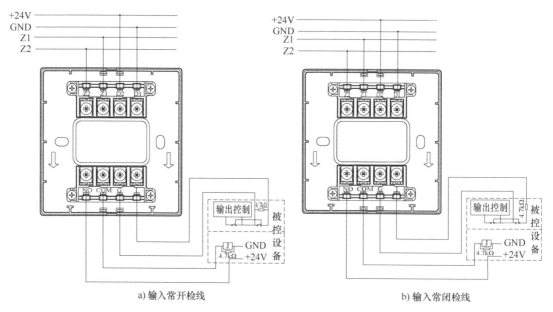

a) 输入常开检线

b) 输入常闭检线

图 3-37　模块与被控制设备的接线示意图

（3）隔离器　在总线制火灾自动报警系统中，往往会出现某一局部总线出现故障（例如短路）造成整个报警系统无法正常工作的情况。隔离器的作用是当总线发生故障时，将发生故障的总线部分与整个系统隔离开来，以保证系统的其他部分能够正常工作，同时便于确定出发生故障的总线部位。当故障部分的总线修复后，隔离器可自行恢复工作，将被隔离出去的部分重新纳入系统。

　　本节使用的是 GST-LD-8313、GST-LD-8313A、GST-LD-8313B 隔离器，外观和接线如图 3-38 所示，其中 Z1、Z2 为无极性信号二总线输入端子，ZO1、ZO2 为无极性信号二总线输出端子，动作电流为 100mA，且直接与信号二总线连接，无需其他布线，选用截面积 $\geqslant 1.0mm^2$ 的阻燃 RVS 双绞线。

a) GST-LD-8313隔离器

b) GST-LD-8313A隔离器

c) GST-LD-8313B隔离器

图 3-38　隔离器的外观和接线示例

　　（4）切换模块　切换模块是消防联动控制系统的重要组成部分，也是消防自动报警系统中不可或缺的部分。消防切换模块是一种非编码模块，不能直接连接到总线上，只能由专线控制板进行控制。以海湾为例，常见的切换模块有 GST-LD-8302 型切换模块、GST-LD-8302A 型双动作切换模块和 GST-LD-8302C 型切换模块，如图 3-39 所示。

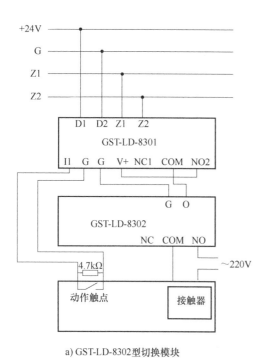

a) GST-LD-8302型切换模块

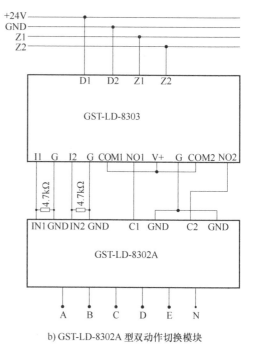

b) GST-LD-8302A 型双动作切换模块

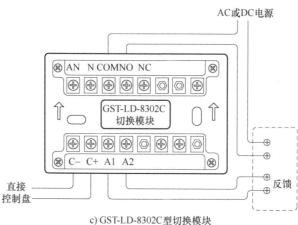

c) GST-LD-8302C型切换模块

图 3-39　模块与被控制设备的接线示意图

## 3.5　消防联动控制设备的安装

消防联动控制
设备的安装

### 一、消防联动控制设备的分类

消防联动控制设备主要包括火灾报警控制器、区域显示器、消防联动控制器、可燃气体报警控制器、电气火灾监控器、气体（泡沫）灭火控制器、消防控制室图形显示装置、火灾报警传输设备或用户信息传输装置、防火门监控器等设备。

## 二、控制类设备的布置与安装

### 1. 控制类设备的布置

（1）控制类设备在消防控制室内的布置要求

1）设备面盘前的操作距离，单列布置时不应小于 1.5m，双列布置时不应小于 2m。

2）在值班人员经常工作的一面，设备面盘至墙的距离不应小于 3m。

3）设备面盘后的维修距离不宜小于 1m。

4）设备面盘的排列长度大于 4m 时，其两端应设置宽度不小于 1m 的通道。

5）与建筑其他弱电系统合用的消防控制室内，消防设备应集中设置，并应与其他设备间有明显间隔。

控制类设备采用壁挂方式安装时，其主显示屏高度宜为 1.5~1.8m，其靠近门轴的侧面距墙不应小于 0.5m，正面操作距离不应小于 1.2m；落地安装时，其底边宜高出地（楼）面 0.1~0.2m，应安装牢固，不应倾斜；安装在轻质墙上时，应采取加固措施，如图 3-40 所示。

（2）引入控制器的电缆或导线的安装要求

1）配线应整齐，不宜交叉，并应固定牢靠。

2）电缆芯线和所配导线的端部均应标明编号，并与图纸一致，字迹应清晰且不易褪色。

3）端子板的每个接线端，接线不得超过 2 根，电缆芯和导线应留有不小于 200mm 的余量并应绑扎成束。

4）导线穿管、线槽后，应将管口、槽口封堵。

控制器的主电源应有明显的永久性标志，并应直接与消防电源连接，严禁使用电源插头。控制器与其外接备用电源之间应直接连接，接地应牢固，并有明显的永久性标志。

### 2. 火灾报警控制器的安装

本节以 JB-QB-GST200 型火灾报警控制器（联动型）、JB-QB-GST200H/2-S 火灾报警控制器 / 消防联动控制器为例，介绍报警控制器的安装。这两种型号的报警控制器为壁挂式结构，可直接明装在墙壁上。

JB-QB-GST200 型与探测器间采用无极性信号二总线连接，直接控制点与现场设备采用三线连接，其中 COM 为公共线，O 和 COM 用于控制启停设备，I 和 COM 用于接收现场设备的反馈信号，输出控制和反馈输入均具有检线功能；与各类编码模块采用四总线连接（无极性信号二总线、无极性 DC24V 电源线）；与火灾显示盘采用四总线连接（有极性通信二总线、无极性 DC24V 电源线）。其 Z1、Z2 为无极性信号二总线端子，信号二总线 Z1、Z2 采用耐火 RVS 双绞线，截面积 $\geqslant$ 1.0mm$^2$；通信总线 A、B 采用耐火屏蔽双绞线，截面积 $\geqslant$ 1.0mm$^2$；直接控制点外接线，采用 BV 铜芯导线，截面积 $\geqslant$ 1.0mm$^2$；24V OUT（+、−）为辅助电源输出端子，可为外部设备提供 DC24V 电源，采用耐火 RVS 双绞线；电源线采用耐火 BV 线，截面积 $\geqslant$ 2.5mm$^2$，如图 3-41a 所示。

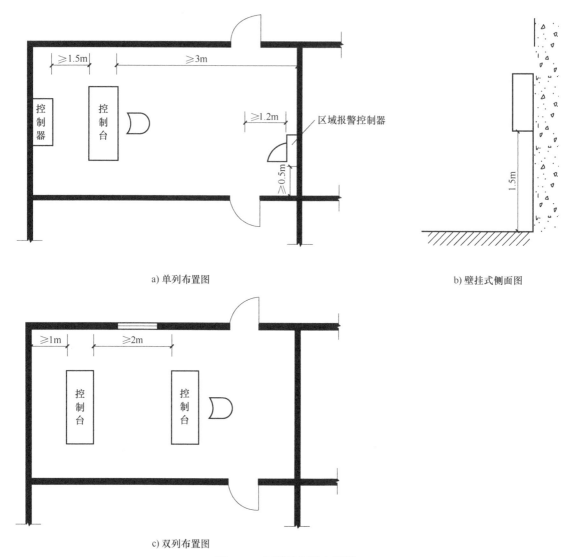

a) 单列布置图

b) 壁挂式侧面图

c) 双列布置图

图 3-40　报警控制器布置图

JB-QB-GST200H/2-S 火灾报警控制器 / 消防联动控制器的接线要求如下：L、G、PE 为交流 220V 接线端子及交流接地端子；Z1+/Z1–、Z2+/Z2– 为无极性信号二总线端子；Cn+、Cn–（$n$=1~6）为直控输出端子，通过 ZD-02 直控盘终端器连接被控设备；S+、S– 为警报器输出端子，输出时有 DC24V/0.15A 的电源输出；24V GND（+、–）为辅助电源输出端子，可为外部设备提供 DC24V 电源，最大输出容量为 DC24V/0.3A，如图 3-41b 所示。

**3. 可燃气体报警控制器的安装**

本节以 JB-KR-GSTN004 可燃气体报警控制器（图 3-42）为例，介绍声光警报器、可燃气体控制器、可燃探测器、输入 / 输出模块、隔离模块和风扇的安装接线。

JB-KR-GSTN004 为非防爆型、室内使用产品，用于配接海湾编码型点型可燃气体探测器，构成可燃气体探测报警系统（图 3-43），能显示现场可燃气体的浓度，还有可燃气体浓度超限报警和报警控制等功能，适用于一般工业与民用建筑中，可应用于制药、石油化工、油气储运（气站、油库以及易燃易爆气体的管道输送）等行业的厂房、车间、库房和实验室，以及民用建筑等多种场所，监测可燃气体的浓度，避免各种灾害性事故的发生。

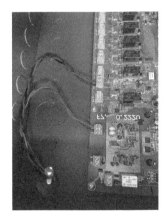

a) JB-QB-GST200型火灾报警控制器（联动型）

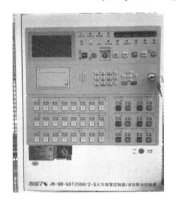

b) JB-QB-GST200H/2-S火灾报警控制器/消防联动控制器

图 3-41　火灾报警控制器的外观和接线示意图

图 3-42　可燃气体报警控制器的外观和接线示意图

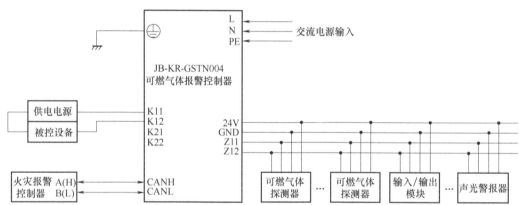

图 3-43　可燃气体探测报警系统的外观和接线示意图

### 4. 电气火灾监控设备的安装

电气火灾监控设备是电气火灾监控系统中的重要设备，能接收来自电气火灾监控探测器的报警信号，发出声、光报警信号和控制信号，指示报警部位，记录并保存报警信息。这种设备由电气火灾监控探测器组成，通过实时监测配电设备控制回路的漏电电流、过电流、温度等参数，实现检验、警报、控制、记录等多种功能，从而有效地预防电气火灾的发生。

GST-DH900 电气火灾监控设备的外观和接线分别如图 3-44 和图 3-45 所示，其中 L、G、N 为交流 220V 接线端子及机柜保护接地线端子，ZN（N=1~32）为探测器总线（无极性），O1、O2 为报警输出端子（报警时输出闭合），通过 Z1、Z2 与控制器采用无极性信号二总线连接。

### 5. 气体灭火控制器的安装与接线

GST-QKP01H 型气体灭火控制器 / 火灾报警控制器如图 3-46 所示，QKPH 为典型的气体灭火控制装置，可配接感烟 / 感温 / 火焰探测器、手动报警按钮、紧急启 / 停按钮、声光警报器、气体喷洒指示灯、手自动转换开关以及输出模块等，具有火灾探测和气体灭火控制功能，可实现防火区的火灾报警和气体灭火控制。

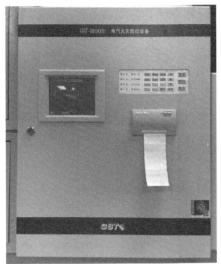

图 3-44　电气火灾监控设备的外观

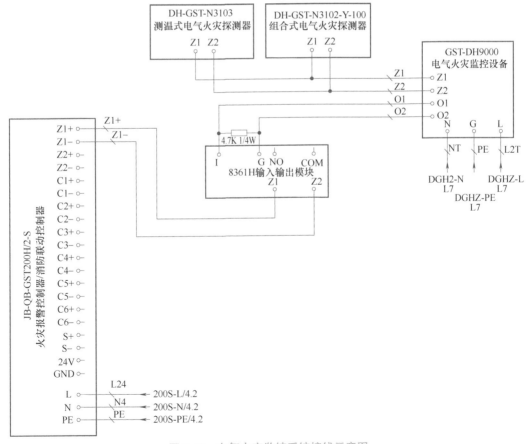

图 3-45　电气火灾监控系统接线示意图

GST-QKPH 系列控制器接线如图 3-47 所示，其中共用接线端子 L、N、PE 为交流 220V 接线端子；S+、S– 为声光驱动输出端子，接非编码声光警报器；有火警动作时启动输出 DC24V 信号；24V、G 为各区的辅助电源输出端子，为现场的系统设备（如区域讯响器、气体喷洒指示灯和输出模块）供电；CAN-L、CAN-H 为配置 CAN 通信卡，用于和消防联动控制器相连的通信总线端子。每分区的接线端子：Z1、Z2 为总线输出端子，连接编码探测器、手动报警按钮、紧急启/停按钮、区域讯响器、气体喷洒指示灯、输出模块、手自动转换开关等总线设备；YK1、YK2 为气体释放反馈信号输入端，应输入动合型干触点信号，其终端匹配电阻为 $4.7k\Omega/0.25W$；DC+、DC– 为电磁阀的驱动信号输出端子，通常该端子间输出电压小于 DC0.7V，启动时输出 DC24V 电压且最大 3A 的信号，终端匹配电阻为 $4.7k\Omega/0.25W$。

图 3-46  GST-QKP01H 型气体灭火控制器 / 火灾报警控制器

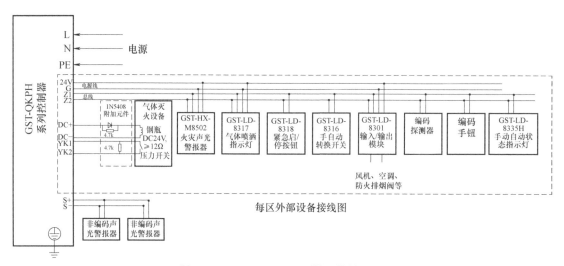

图 3-47  GST-QKPH 系列控制器接线图

# 3.6　消防控制室的设置

## 一、消防控制室的设备配置

### 1. 消防控制室的作用及设备

消防控制室的
设置

消防控制室是建筑消防系统的信息中心、控制中心、日常运行管理中心和各自动消防系统运行状态监视中心，也是建筑发生火灾和日常火灾演练时的应急指挥中心；在有城市远程监控系统的地区，消防控制室也是建筑与监控中心的接口。每个建筑使用性质和功能各不相同，其消防控制设备也不尽相同，一般需要设置火灾报警控制器、消防联动控制器、消防控制室图形显示装置、消防电话总机、消防应急广播控制装置、消防应急照明和疏散指示系统控制装置、消防电源监控器等设备，或者设置具有相应功能的组合设备。图 3-48~ 图 3-50 为消防控制室布置图。

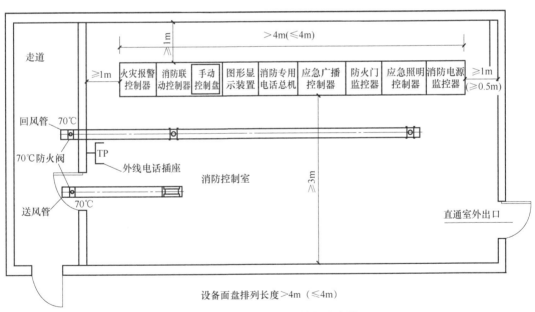

图 3-48　单列布置的消防控制室布置图

### 2. 消防控制设备的监控要求

消防控制室应将建筑内的所有消防设施（包括火灾报警和其他联动控制装置的状态信息）集中控制、显示和管理，并能将状态信息通过网络或电话传输到城市建筑消防设施远程监控中心。

消防控制室配备的消防设备需要具备下列监控功能。

1）能够监控并显示消防设施运行状态信息，并能够向城市消防远程监控中心（以下简称"监控中心"）传输相应信息。

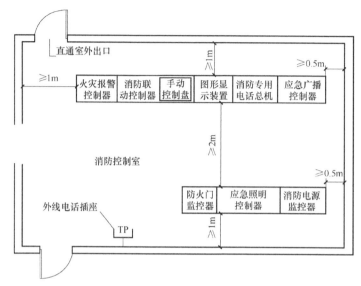

图 3-49    双列布置的消防控制室布置图

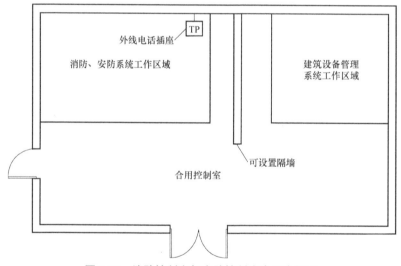

图 3-50    消防控制室与安防控制室合用布置图

2）根据建筑（单位）规模及其火灾危险性特点，消防控制室内需要保存必要的文字、电子资料，存储相关的消防安全管理信息，并能够及时向监控中心传输消防安全管理信息。

3）大型建筑群要根据其不同建筑功能需求、火灾危险性特点和消防安全监控需要，设置 2 个及 2 个以上消防控制室，并确定主消防控制室、分消防控制室，以实现分散与集中相结合的消防安全监控模式。

4）主消防控制室的消防设备能够对系统内共用消防设备进行控制，显示其状态信息，并能够显示各个分消防控制室内消防设备的状态信息，具备对分消防控制室内消防设备及其所控制的消防系统、设备的控制功能。

5）各个分消防控制室的消防设备之间，可以互相传输、显示状态信息，不能互相控制消防设备。

## 二、消防控制室的管理要求

消防控制室是建筑使用管理单位消防安全管理与消防设施监控的核心场所，需要保存能够反映建筑特征、消防设施施工质量以及运行情况的纸质台账档案和电子资料。

在消防控制室内，消防管理人员通过火灾报警控制器、消防联动控制器、消防控制室图形显示装置或其组合设备对建筑物内的消防设施的运行状态信息进行查询和管理，并在建筑火灾发生时能够及时发现火灾、确认火灾，准确报警并启动应急预案，有效组织初期火灾扑救，引导人员安全疏散。

**1. 消防控制室值班要求**

建筑使用管理单位按照下列要求，安排合理数量、符合从业资格条件的人员负责消防控制室管理与值班，并填写《消防控制室值班记录表》，详见表 3-2。

1）实行每日 24h 专人值班制度，每班不少于 2 人，值班人员持有规定的消防专业技能鉴定证书。

2）消防设施日常维护管理符合《建筑消防设施的维护管理》（GB 25201—2010）的相关规定。

3）确保火灾自动报警系统、固定灭火系统和其他联动控制设备处于正常工作状态，不得将应处于自动控制状态的设备设置在手动控制状态。

4）确保高位消防水箱、消防水池、气压水罐等消防储水设施水量充足，确保消防泵出水管阀门、自动喷水灭火系统管道上的阀门常开；确保消防水泵、防排烟风机、防火卷帘等消防用电设备的配电柜控制装置处于自动控制位置（或者通电状态）。

**2. 消防控制室应急处置程序**

火灾发生时，消防控制室的值班人员按照下列应急程序处置火灾。

1）接到火灾警报后，值班人员立即以最快方式确认火灾。

2）火灾确认后，值班人员立即确认火灾报警联动控制开关处于自动控制状态，同时拨打"119"报警电话准确报警。报警时需要说明着火单位地点、起火部位、着火物种类、火势大小、报警人姓名和联系电话等。

3）值班人员立即启动单位应急疏散和初期火灾扑救灭火预案，同时报告单位消防安全负责人，如图 3-51 所示。

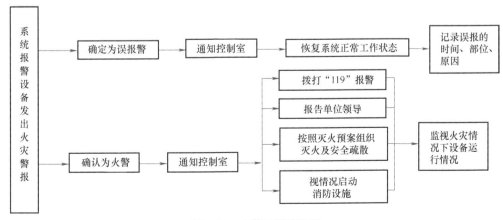

图 3-51　火警处置流程图

表 3-2  消防控制室值班记录表

年　月　日

| 火灾报警控制器运行情况 | | | | | | | 控制室内其他消防系统运行情况 | | | | | 值班情况 | |
|---|---|---|---|---|---|---|---|---|---|---|---|---|---|
| 火警 | | | | 故障报警 | 监管报警 | 报警故障部位、原因及处理情况 | 消防系统及其相关设备名称 | 控制状态 | | 运行状态 | | 报警故障部位、原因及处理情况 | 值班员 时段 |
| 正常 | 故障 | 确认火警 | 误报 | 漏报 | | | | 自动 | 手动 | 正常 | 故障 | | 值班员 |
| | | | | | | | | | | | | | 时段 |

时间记录

| 值班员 | 时段 |
|---|---|
| | |

| 火灾报警控制器日检情况记录 | 火灾报警控制器型号 | 检查内容 | | | | | 检查时间 | 检查人 | 故障及处理情况 |
|---|---|---|---|---|---|---|---|---|---|
| | | 自检 | 消声 | 复位 | 主电源 | 备用电源 | | | |
| | | | | | | | | | |

消防安全责任人或消防安全管理人（签字）：

注：1. 对发现的问题应及时处理，当场不能处理的要填报《建筑消防设施故障维修记录表》，将处理记录表序号填入"故障及处理情况"栏。
2. 交接班时，接班人员对火灾报警控制器进行日检后，如实填写火灾报警控制器日检情况记录；值班期间按规定时限，异常情况出现时间如实填写运行情况栏内相应内容，填写时，在对应项目栏中画"√"；存在问题或故障的，在"报警故障部位、原因及处理情况"栏中填写详细信息。

单元四

>>> 火灾自动报警系统的操作

 **单元概述**

　　本单元的主要内容是在认识消防联动的基础上，识别消防联动控制器、图形显示装置，完成多线控制盘、总线控制盘、消防广播、消防电话、防火门、防火卷帘、防排烟系统、应急照明和疏散指示系统、非消防电源、消防电梯的操作。

 **教学目标**

　　1. 知识目标

　　认识消防联动及消防联动控制器，掌握多线控制盘、总线控制盘、消防广播、消防电话、防火门、防火卷帘、防排烟系统、应急照明和疏散指示系统、非消防电源、消防电梯的相关操作。

　　2. 技能目标

　　能够正确认识消防联动及消防联动控制，能操作多线控制盘、总线控制盘、消防广播、消防电话、防火门、防火卷帘、防排烟系统、应急照明和疏散指示系统、非消防电源、消防电梯等火灾报警及联动控制系统。

**职业素养要求**

　　通过火灾自动报警系统的操作，培养安全意识、规范意识、责任意识，形成团队协作、灵活运用与创新思维。

## 4.1　认识消防联动及消防联动控制器

认识消防联动
及消防联动
控制器

### 一、消防联动报警操作

　　火灾发生时，火灾探测器和手动火灾报警按钮的报警信号等联动触发信号传输至消防联动控制器，消防联动控制器按照预设的逻辑关系对接收到的触发信号进行识别判断，在满足逻辑关系条件时，消防联动控制器按照预设的控制时序启动相应自动消防系统（设施），实现预设的消防功能；消防控制室的消防管理人员也可以通过操作消防联动控制器的手动控制盘直接启动相应的消防系统（设施），从而实现相应消防系统（设施）预设的消防功能。消防联动控制接收并显示消防系统（设施）动作的反馈信息。

　　消防联动控制系统的工作原理如图 4-1 所示。

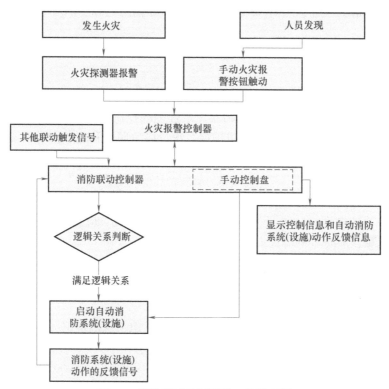

图 4-1　消防联动控制系统工作原理图

### 二、识别消防联动控制器

#### 1. 消防联动控制器的组成

消防联动控制器（图 4-2）主要包括主板、直接手动控制单元（多线控制盘）、总线控制盘、指示灯、音响器件、回路板、接口组件、电源装置（含电池）、外壳等部分。

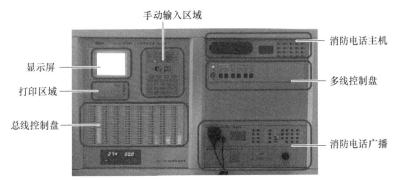

图 4-2　消防联动控制器的重要组件

**2. 消防联动控制器的主要功能**

1）控制功能。消防联动控制器应能按设定的逻辑直接或间接控制其连接的各类受控消防设备。

2）故障报警功能。当发生故障时，消防联动控制器应发出与火灾报警信号有明显区别的故障声光信号。

3）自检功能。消防联动控制器应能检查本机的功能，在执行自检功能期间，其受控设备均不应动作。

4）信息显示与查询功能。消防联动控制器可以采用数字和/或字母（符）显示相关信息。

5）电源功能。消防联动控制器的电源部分应具有主电源和备用电源转换装置。当主电源断电时，能自动转换到备用电源；当主电源恢复时，能自动转换到主电源。

**3. 消防联动控制器的分类**

消防联动控制器的分类基本与火灾报警控制器的分类一致，如图 4-3 所示。

任一台火灾报警控制器所连接的火灾探测器、手动火灾报警按钮和模块等设备总数和地址总数，均不应超过 3200 点，其中每一总线回路连接设备的总数不宜超过 200 点，且应留有不少于额定容量 10% 的余量；任一台消防联动控制器地址总数或火灾报警控制器（联动型）所控制的各类模块总数不应超过 1600 点，每一联动总线回路连接设备的总数不宜超过 100 点，且应留有不少于额定容量 10% 的余量，如图 4-4 所示。

## 三、识别图形显示装置（CRT）

**1. 消防控制室图形显示装置的组成**

1）硬件。硬件包括计算机主机（含 CPU、内存、显卡、串行口等）、硬盘、喇叭、液晶显示器、外壳等。消防控制室图形显示装置的正面和屏幕如图 4-5 所示。

2）软件。消防控制室图形显示装置内所装软件要符合《消防控制室图形显示装置软件通用技术要求》（XF 847—2009）中规定的显示、操作、信息记录、信息传输和维护等要求。

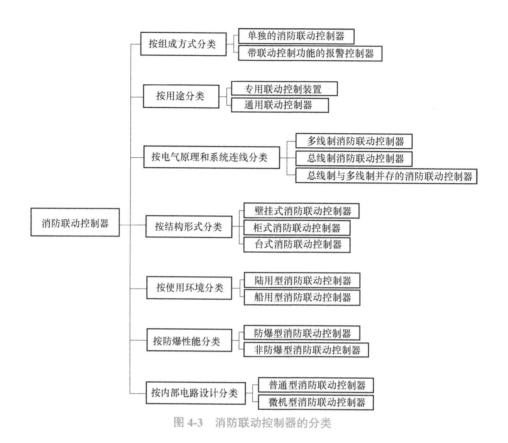

图 4-3    消防联动控制器的分类

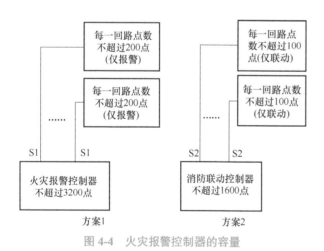

图 4-4    火灾报警控制器的容量

图 4-5    图形显示装置

**2. 消防控制室图形显示装置的主要功能**

1）图形显示功能。消防控制室图形显示装置应能显示建筑总平面布局图、每个保护对象的建筑平面图、系统图等。

2）火灾报警和联动状态显示功能。当有火灾报警信号、联动信号输入时，消防控制室图形显示装置应能显示报警部位对应的建筑位置、建筑平面图，在建筑平面图上指示报警部位的物理位置，记录报警时间、报警部位等信息。

3）故障状态显示。消防控制室图形显示装置应能接收控制器及其他消防设备（设施）发出的故障信号，并显示故障状态信息。

4）通信故障报警功能。消防控制室图形显示装置在与控制器及其他消防设备（设施）之间不能正常通信时，应发出与火灾报警信号有明显区别的故障声光信号。

5）信息记录功能。消防控制室图形显示装置应具有火灾报警和消防联动控制的历史记录功能，记录报警时间、报警部位、复位操作、消防联动设备的启动和动作反馈等信息。

## 4.2 多线控制盘、总线控制盘的操作

### 一、多线控制盘的操作

多线控制盘、
总线控制盘
的操作

多线控制盘一般设有手动输出控制和自动联动功能，在手动状态下，可利用控制盘上的按键完成对现场设备的手动控制；若需实施自动控制，必须将控制盘与火灾报警控制器连接，并由控制器按现场编制的逻辑联动公式指挥控制盘对外控设备进行自动联动控制。

多线控制盘每个操作按钮对应一个控制输出，控制消防泵组（喷淋泵组、消火栓泵组）、防烟和排烟风机等消防设备的启动，可根据需要按下目标操作按钮对应的消防设备。

多线控制盘操作面板上设有多个手动控制单元（图4-6），每个单元包括一个操作按钮和启动、反馈、故障三个状态指示灯，每个操作按钮均可控制具体设备的动作。

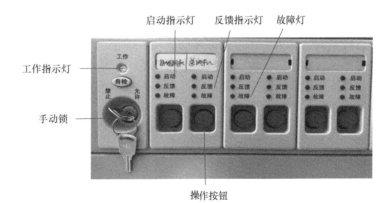

图 4-6 多线控制盘手动控制单元

1）确认当前控制方式为"手动允许"；若不是，则更改控制方式至"手动允许"，如图 4-7 所示。

2）通过面板钥匙将手动工作模式操作权限由"禁止"切换至"允许"状态。

3）在多线控制盘上找到相应设备名称的标签，按下相应设备操作按钮。如果"启动"指示灯处于闪烁状态，表示多线控制盘手动控制单元已发出启动指令，等待反馈；当"启动"指示灯处于常亮时，表示该设备已启动成功。当"反馈"指示灯处于常亮状态时，表示现场设备已启动成功并将启动信息反馈回来。

4）再次按下该设备操作按钮，待"启动"指示灯与"反馈"指示灯均熄灭后设备停止动作，此时将多线控制盘上的钥匙从"允许"扭回至"禁止"。

图 4-7　显示屏主界面

## 二、总线控制盘的操作

总线控制盘每一个按键对应一个总线控制模块，对消防设备的控制由控制模块实现，即消防联动控制器按预设逻辑和时序通过控制模块自动控制消防设备动作，或通过操作总线控制盘的按键、控制模块手动控制消防设备的动作。

总线控制盘每个操作按钮对应一个控制输出，控制声光警报器、消防广播、加压送风口、加压送风机、排烟阀、防火卷帘、常开型防火门、非消防电源和电梯等消防设备的启动，可根据需要按下目标操作按钮启动对应的消防设备。

总线控制盘操作面板上设有多个手动控制单元，每个单元包括一个操作按钮和两个状态指示灯，每个操作按钮均可通过逻辑编程实现对各类、各分区、各具体设备的控制。每个操作按钮分别对应一个"启动"指示灯和一个"反馈"指示灯，分别用于提示按钮状态、显示设备运行状况，如图 4-8 所示。

1）确认当前控制方式为"手动允许"；若不是，则更改控制方式至"手动允许"。

2）在总线控制盘上找到相应设备名称的标签，按下相应设备操作按钮。如果"启动"指示灯处于闪烁状态，表示总线控制盘手动控制单元已发出启动指令，等待反馈；当"启动"指示灯处于常亮时，表示该设备已启动成功。当"反馈"指示灯处于常亮状态时，表示现场设备已启动成功并将启动信息反馈回来。

3）再次按下该设备操作按钮，待"启动"指示灯与"反馈"指示灯均熄灭后设备停止动作。

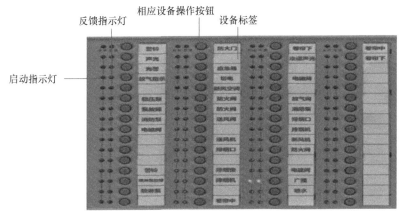

图 4-8　总线控制盘手动控制单元

# 4.3  消防应急广播的操作

## 一、识别消防应急广播工作状态

消防应急广播系统是火灾情况下用于通告火灾报警信息、发出人员疏散语音指示及发生其他灾害与突发事件时发布有关指令的广播设备，也是消防联动控制设备的相关设备之一。

消防应急广播系统主要由消防应急广播主机（图 4-9）、功放机、分配盘、输出模块、音频线路及扬声器等组成。发生火灾时，消防控制室值班人员打开消防应急广播功放机主、备电开关，通过操作分配盘或消防联动控制器面板上的按钮选择播送范围，利用麦克风或启动播放器对所选择区域进行广播。广播时，系统自动录音。

消防应急
广播的操作

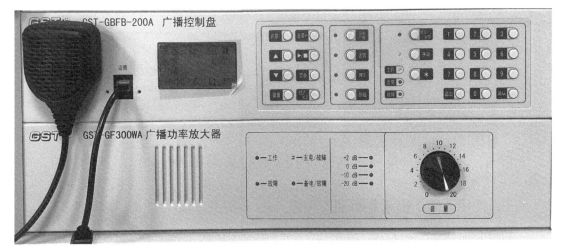

图 4-9　消防应急广播主机

消防应急广播系统通过状态指示灯来显示其工作是否正常，方便维护检修。消防应急广播主机、功放机的工作状态指示灯功能见表 4-1。

表 4-1    消防应急广播主机、功放机的工作状态指示灯功能

| 指示灯类型 | 颜色 | 功能 |
|---|---|---|
| 电源灯 | 绿色 | 电源接入时，电源指示灯点亮应急广播 |
| 过载灯 | 黄色 | 当输出功率大于额定功率的 120% 并持续 2s 后，过载指示灯点亮 |
| 过温灯 | 黄色 | 当内部晶体管温度超过设定温度极限（90℃）6s 后发生过温故障，指示灯常亮 |
| 监听灯 | 绿色 | 监听打开时常亮，关闭时熄灭 |
| 消声灯 | 黄色 | 平时熄灭，有故障时按下消声键常亮 |
| 自检灯 | 绿色 | 对指示器件和报警声器件进行检查，按下常亮，检查完毕熄灭 |

## 二、使用消防应急广播设备播放疏散指令

1）确认当前控制方式为"手动允许"；若不是，则更改控制方式至"手动允许"。

2）在总线盘上按下消防广播控制按钮。

3）在启动指示灯亮起后等待"反馈"指示灯亮起。

4）打开广播功放旋钮，调节音量。

完成上述四个步骤后，应急广播操作盘将优先播放提前录制的应急疏散电子语音，如图 4-10 所示。

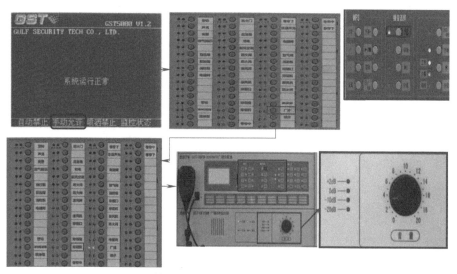

图 4-10    使用消防应急广播设备播放疏散指令

## 三、使用话筒广播紧急事项

在使用消防应急广播设备播放疏散指令操作的基础上，使用话筒广播紧急事项操作如下。

1）按下广播分配盘上的"话筒"键，有时需要输入密码。

2）摘下话筒，按住通话键开始广播，并根据实际需要调节功放音量。

3）广播使用完毕后放回话筒，关闭功放，在总线盘上再次按下广播控制按钮，待"启动"指示灯和"反馈"指示灯均熄灭后表示广播已停止动作如图4-11所示。

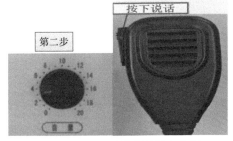

### 四、使用消防应急广播设备录制疏散指令

1）确认消防应急广播工作状态。

2）按下"录音"键，查看广播显示屏，选择"话筒录音"，按"确认"键。

3）摘下话筒，按住通话键开始录音。

4）录音结束后，松开通话键。

5）按下"退出"键，恢复至初始界面，挂上话筒，如图4-12所示。

图4-11　使用话筒广播紧急事项

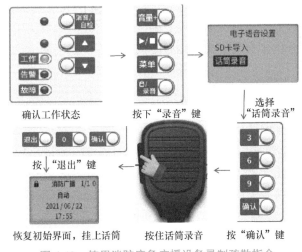

图4-12　使用消防应急广播设备录制疏散指令

## 4.4　消防电话的操作

消防电话总机（图4-13）应设置在消防控制室内，可以组合安装在柜式或琴台式的火灾报警控制柜内。消防电话总机具有通话录音、信息记录查询、自检和故障报警功能。

消防电话的操作

消防电话总机应能与所有消防电话分机（图4-14）、电话插孔之间互相呼叫与通话，并显示每部分机或电话插孔的位置。处于通话状态的消防电话总机能呼叫任意一部及一部以上消防电话分机，被呼叫的消防电话分机摘机后，能自动加入通话。消防电话总机能终止与任意消防电话分机的通话，且不影响与其他消防电话分机的通话。

图 4-13　消防电话总机

图 4-14　消防电话分机

消防电话分机本身不具备拨号功能，使用时，拿起分机话筒即可与消防电话总机通话。消防电话分机可迅速实现对火灾的人工确认，并可及时掌握火灾现场情况，便于指挥灭火工作。消防电话分机分为固定式和移动便携式。固定式消防电话分机有被叫振铃和摘机通话的功能，主要用于跟消防控制室消防电话总机进行通话。

### 一、使用消防电话总机呼叫分机

使用消防电话总机呼叫分机的操作步骤如下。

1）拿起消防电话主机话筒，显示"呼叫选择"界面，按屏幕提示输入密码。界面按数字编号显示有消防泵房、发电机房、消防电梯机房、值班机房、配电房、空调机房、排烟机房和其他位置等选项，根据位置信息编程关系按下键盘区的按键。

2）选择一个分机，屏幕显示消防电话总机呼叫对应的消防电话分机，按键对应的红色指示灯闪亮，对应的消防电话分机将振铃，消防电话主机话筒听到回铃音。

3）现场将该分机话筒拿起，即可与消防电话主机通话。

4）通话完毕后，按下"挂断"按钮，将消防电话总机放回原位，消防电话系统恢复正常工作状态，如图 4-15 所示。

### 二、使用消防电话分机呼叫总机

1）选择一个分机，拿起话筒等待主机应答。

2）当有分机呼叫时，总机屏幕显示呼入分机的信息。

3）如果总机不接听，按下"挂断"键即可。如果总机接听，拿起话筒即可进行通话。

4）通话完毕后，将分机话筒放回原位，挂断通话，消防电话系统恢复正常工作状态。

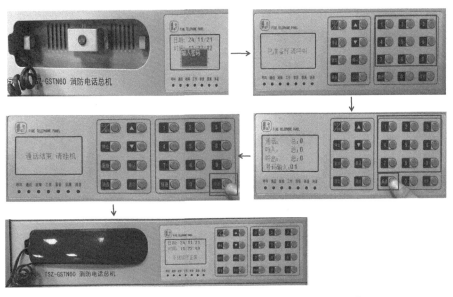

摘机→输入密码→输入分机号,按"接通"→分机振铃,拿起分机→按"挂断",挂机

图 4-15 消防电话总机呼叫分机

# 4.5 防火门的操作

## 一、防火门的组成和分类

### 1. 防火门的组成

防火门一般由门框、门扇(内填充隔热材料)、防火玻璃、闭门器、防火锁、铰链等部件组成。门扇通过铰链连接形成,门上配置闭门器、防火锁,双扇门还加装暗插销(装在固定扇一侧)和顺位器,以防门扇中缝的搭叠(图 4-16)。与常开防火门联动的有火灾探测器和火灾联动控制系统。

### 2. 防火门的分类

(1) 按材质分类 防火门按材质不同可以分为:木质防火门、钢质防火门、钢木质防火门以及其他材质防火门,常用的防火门是木质防火门和钢质防火门,如图 4-17 所示。

木质防火门是指用木材或木材制

防火门的操作

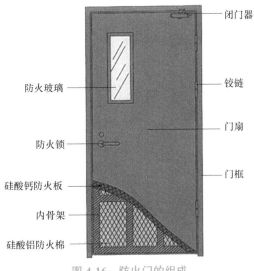

图 4-16 防火门的组成

品制作门框、门扇骨架、门扇面板，通过喷涂法等阻燃处理来提高木材的防火性能，从而确保在火灾发生时能够隔断火势蔓延，保障人员安全疏散的门。

单扇木质防火门　　单扇带玻木质防火门　　双扇木质防火门　　双扇带玻木质防火门　　木艺防火门

单扇钢质防火门　　单扇带玻钢质防火门　　双扇钢质防火门　　双扇带玻钢质防火门　　钢质防火入户门

图 4-17　防火门的分类

　　钢质防火门是用防火阻燃材料制成的具有耐火稳定性、完整性和隔热性的门，主要用于建筑防火分区的防火墙开口、楼梯间出入口、疏散走道、管道井口等处，平常用于人员通行，在发生火灾时可起到阻止火焰蔓延和防止燃烧烟气流动的作用，同时还有密封的作用。

　　（2）按耐火性能分类　防火门按其耐火性能可分为隔热防火门（A 类）、部分隔热防火门（B 类）、非隔热防火门（C 类），其中 A 类防火门又根据其耐火极限划分为甲级、乙级、丙级。

　　① 甲级防火门：是消防设备中的重要组成部位，其材质有钢质和木质，甲级防火门的耐火时间为不小于 1.5h。甲级防火门的内部一般采用珍珠岩，少量甲级防火门采用蛭石防火板、发泡门芯板、MC 复合材料等防火材料。通常在需要开门的防火墙和防火构件上设置甲级防火门。

　　② 乙级防火门：在家庭防火中使用得比较广泛，耐火时间不低于 1.0h。通常在防火分区至避难走道入口处应设置防烟前室，前室的使用面积不应小于 6.0m²，开向前室的门应采用甲级防火门，前室开向避难走道的门应采用乙级防火门。

　　③ 丙级防火门：材质一般选用冷轧钢板和不锈钢，内填环保、健康的隔热材料，耐火时间不低于 0.5h，通常在电缆井、管道井、排烟道、排气道、垃圾道等竖向井道设置，防止火灾和烟气通过竖井或管道井蔓延。

## 二、防火门的自检操作

　　1）检查防火门外观是否完好，各组件是否齐全（图 4-18），功能是否正常。检查整体外观是否有落漆、锈蚀、硬伤。防火门上部四周是否有孔洞、缝隙，是否采用不燃材料填充。防火门周围是否堆放杂物影响开启、关闭。使用测力计测试其门扇开启力，防火门门扇开启力不得大于 80N。

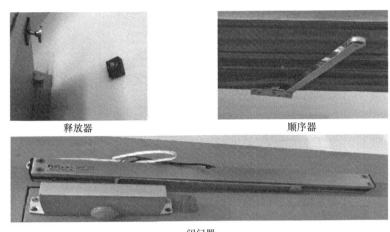

释放器          顺序器

闭门器

图 4-18　防火门的主要组件

2）现场手动开启防火门，查看关闭效果。从门的任意一侧手动开启，应能自动关闭。当装有反馈信号时，开关状态信号能反馈到消防控制室。

需要注意的是，防火门在正常使用状态下关闭后应具备防烟性能。当前防火门存在的主要问题是密封条未达到规定的温度不会膨胀，不能有效阻止烟气侵入，该问题是导致相关场所（如宾馆、住宅等）人员死亡的重要原因之一。

3）触发常开防火门一侧的火灾探测器，使其发出模拟火灾报警信号，观察防火门动作情况及消防控制室信号显示情况。防火门应能自动关闭，并能将关闭信号反馈至消防控制室。

4）将消防控制室的火灾报警控制器或消防联动控制设备处于手动状态，消防控制室手动启动常开防火门电动关闭装置，观察防火门动作情况及消防控制室信号显示情况。接到消防控制室手动发出的关闭指令后，常开防火门应能自动关闭，并能将关闭信号反馈至消防控制室。

## 4.6　防火卷帘的操作

### 一、防火卷帘的组成和分类

（1）防火卷帘的组成　防火卷帘通常由卷门机、卷轴、帘面、帘面底座、包箱、导轨、控制器、手动按钮盒和感温、感烟探测器等部分组成，如图 4-19 所示。

防火卷帘的<br>操作

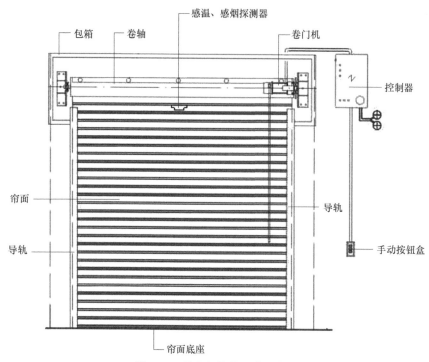

图 4-19　卷帘门结构组成示意图

① 卷门机：防火卷帘的卷门机由电动机、电动机机板、减速箱、制动机构、限位器、手动操作部件组成，用于驱动防火卷帘的收卷和下放。

② 帘面：帘面的功能是在防火卷帘下放后封堵洞口，阻止火灾蔓延和控制烟雾扩散。帘面根据材质不同可分为钢质帘面、无机纤维复合帘面和其他材质帘面，如图 4-20 所示。

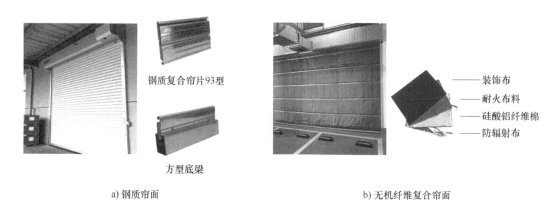

a) 钢质帘面　　　　　　　　　　　　　　　　b) 无机纤维复合帘面

图 4-20　不同材质的帘面

③ 帘面底座：帘面底座安装在帘面底部，并具有一定的质量，在电动机刹车盘释放后，帘面底座可以带动帘面自重下放。

④ 卷轴：卷轴支撑在电动机机板的轴承上，可绕轴承转动，卷门机通过传动链轮带动卷轴转动，帘面通过挂钩固定在卷轴上，卷轴转动时，卷绕帘面，实现帘面的收卷和下

放。对于折叠提升式防火卷帘，则是卷轴带动钢丝绳，由钢丝绳提升或者下放帘面。

⑤ 导轨：导轨安装在漏口两侧，用于限制帘面的移动方向，侧移式防火卷帘一般只有顶部导轨。

⑥ 包箱：包箱一般由钢质帘片制成，把卷轴、帘面等包裹在内。

⑦ 控制器：控制器的主要功能是接收启动指令，控制卷门机下放或收卷帘面，并反馈相关信号至消防控制中心。

⑧ 手动按钮盒：手动按钮盒是控制器配套部件安装在卷帘洞口的两侧，用于控制防火卷帘的上升和下降，同时具备停止功能。手动按钮盒底边距地面高度宜为 1.3~1.5m。

⑨ 温控释放装置：温控释放装置是一种温控联锁装置，当温控释放装置的感温元件周围温度达到（73±0.5）℃时，温控释放装置动作，牵引开启卷门机的制动机构，松开刹车盘，卷帘依靠自重下降关闭。温控释放装置具备手动释放功能，可以通过手动方式拉开卷帘电动机的制动机构，松开刹车盘，使卷帘依靠自重下降关闭。温控释放装置一般安装在垂直防火卷帘上，但用于疏散通道处的防火卷帘因具有两步降的功能，故不可安装温控释放装置（图 4-21）。

| a) 卷门机 | b) 卷轴 | c) 导轨 | d) 包厢 |

| e) 控制器 | f) 手动按钮盒 | g) 温控释放装置 |

图 4-21　防火卷帘其余各组件

（2）防火卷帘的分类　防火卷帘的分类如图 4-22 所示。

1）按材质分类（图 4-23）。

① 钢质防火卷帘：指用钢质材料做帘面、导轨、帘面底座、箱体等，并配以卷门机和控制箱所组成的能符合耐火完整性要求的卷帘。

② 无机纤维复合防火卷帘：指用无机纤维材料做帘面（内配不锈钢

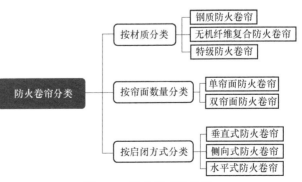

图 4-22　防火卷帘的分类

丝或不锈钢丝绳），用钢质材料做夹板、导轨、帘面底座、箱体等，并配以卷门机和控制箱所组成的能符合耐火完整性要求的卷帘。

③ 特级防火卷帘：指用钢质材料或无机纤维材料做帘面，用钢质材料做导轨、帘面底座、夹板、门楣、箱体等，并配以卷门机和控制箱所组成的能符合耐火完整性、隔热性和防烟性能要求的卷帘。

钢质防火卷帘和无机纤维复合防火卷帘只符合耐火完整性的要求，不满足耐火隔热性的要求，在防火分隔时，要设置自动喷水灭火系统保护；而特级防火卷帘耐火完整性和耐火隔热性均满足要求。

a) 钢质防火卷帘    b) 无机纤维复合防火卷帘    c) 特级防火卷帘

图 4-23　不同材质的防火卷帘

2）按帘面数量分类。可以分为单帘面防火卷帘和双帘面防火卷帘。单帘面防火卷帘主要有钢质防火卷帘、水雾（汽雾）钢质防火卷帘；双帘面防火卷帘主要为无机防火卷帘。

3）按启闭方式分类。分为垂直式防火卷帘、侧向式防火卷帘、水平式防火卷帘三种。目前应用最多的是垂直式防火卷帘，分为滚筒式和提升式。滚筒式是目前的主流形式，帘面随卷轴旋转，平时存放在包箱内，火灾时自动下降；提升式是将帘面折叠提升（因此也称为折叠提升式），通过钢丝绳将帘面折叠存放在包箱内，火灾时自动下降，可以成弧度或角度安装，可以适应较大的跨度。

## 二、防火卷帘的一步降与二步降操作

防火卷帘的降落方式有两种：一步降和二步降。

（1）一步降　位于非疏散通道上且仅用于防火分隔的防火卷帘，采用一步降的方式。一步降的报警触发条件：防火分区内任意两个独立的火灾探测器接收到报警信号，或者一个火灾探测器与一个手动火灾报警按钮接收到报警信号，启动卷帘门一步下降至地面（图 4-24），并将卷帘门到底的状态信号反馈给消防主机。

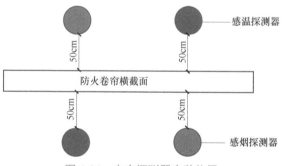

图 4-24　火灾探测器安装位置

（2）二步降　位于疏散通道上的防火卷帘，必须采用二步降的方式。二步降的报警触发条件：防火分区内任意两只独立的感烟火灾探测器同时接收到报警信号，或者任一只专门用于联动防火卷帘的感烟火灾探测器接收到报警信号，防火卷帘下降至距地面 1.8m 高度停止等待。待接收到第二个专门用于联动防火卷帘的感温火灾探测器的报警信号，即下降至地面。在此期间将卷帘门半降的状态信号、全降的状态信号反馈给消防主机。

### 三、手动、机械、联动方式释放防火卷帘

1）检查确认各系统处于完好有效状态。

2）手动方式释放防火卷帘。

① 使用专用钥匙解锁防火卷帘手动控制按钮，设有保护罩的应先打开保护罩；将消防联动控制器设置为"手动允许"状态。

② 按下防火卷帘控制器或防火卷帘两侧设置的手动按钮盒按钮，控制防火卷帘下降、停止与上升（图 4-25a），观察防火卷帘控制器声响、指示灯变化和防火卷帘运行情况。

a) 手动控制按钮　　　　　　　　　　　　b) 远程消防控制室总线盘手动启动操作

图 4-25　手动方式释放防火卷帘

③ 按下消防联动控制器的总线控制盘上的防火卷帘控制按钮（图 4-25b），远程控制非疏散通道的防火卷帘下降，观察信号反馈情况。需要注意的是，消防控制室不应远程手动控制疏散通道上设置的防火卷帘的升降，这是为了保障疏散通道上设置的防火卷帘的疏散功能。

④ 进行相关系统复位操作，记录系统检查情况。

3）机械方式释放防火卷帘，如图 4-26 所示。

① 将手动拉链从包箱内取出，使其处于自然下垂状态。

② 操作手动拉链，控制防火卷帘下降与上升。

③ 操作手动速放装置，观察防火卷帘速放控制的有效性。

④ 复位相关设备，记录系统检查情况。

图 4-26　机械方式释放防火卷帘

4）联动方式释放疏散通道处的防火卷帘。

① 使用专门消防烟枪，触发防火分区内任两只独立的感烟火灾探测器或任一只专门用于联动防火卷帘的感烟火灾探测器；观察报警信号和防火卷帘联动控制情况，防火卷帘应能下降至距地面 1.8m 高度停止。

② 使用专门消防温枪，触发任一只专门用于联动防火卷帘的感温火灾探测器；观察报警信号和防火卷帘联动控制情况，防火卷帘应能下降至地面。

③ 复位相关设备，记录系统检查情况。

# 4.7  防排烟系统的操作

防排烟系统
的操作

## 一、手动操作防烟系统

防烟系统是指采用自然通风方式或机械加压送风方式，防止烟气进入疏散通道的系统（图 4-27）。

自然通风方式的防烟系统是通过热压和风压作用产生压差，形成自然通风，以防止火灾烟气在楼梯间、前室、避难层（间）等空间内积聚。通常采用在防烟楼梯间的前室或合用前室设置全敞开的阳台或凹廊，或者两个及两个以上不同朝向的符合面积要求的可开启外窗的方式实现自然通风。

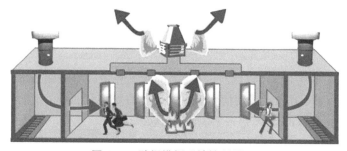

图 4-27  防烟排烟系统控制原理

机械加压送风方式的防烟系统是通过送风机送风，需要加压送风的部位（如防烟楼梯间、消防前室等）压力应大于周围环境的压力，以阻止火灾烟气侵入楼梯间、前室、避难层（间）等空间。为保证疏散通道不受烟气侵害，使人员能够安全疏散，发生火灾时，加压送风应做到：防烟楼梯间压力 > 前室压力 > 走道压力 > 房间压力。

手动操作常闭式加压送风口的方法如下。

1）检查确认防烟风机控制柜处于"自动"运行模式，消防控制室联动控制处于"自动允许"和"手动允许"状态。

2）打开送风口执行机构护板，找到执行机构钢丝绳拉环（图 4-28），用力拉动，确认常闭式加压送风口能打开。

3）观察送风机启动情况和消防控制室信号反馈情况。需要注意的是，送风口打开后风机应能自动启动，且控制室应能收到反馈信号。

4）将风机控制柜置于"手动"运行模式（图 4-29），手动停止风机运行，分别实施送风口复位、消防控制室复位操作。

5）将风机控制柜恢复"自动"运行模式。

图 4-28　送风机执行机构钢丝绳拉环

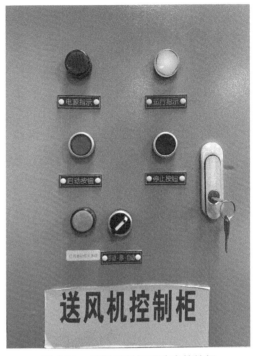

图 4-29　风机控制柜手动启停按钮

## 二、手动操作排烟系统

排烟系统是指采用自然通风方式或机械排烟方式，将烟气排至建筑物外的系统。

自然排烟系统利用火灾产生的热烟气流的浮力和外部风力的作用，通过房间、走道的开口部位把烟气排至室外。

机械排烟系统通过排烟机抽吸，使排烟口附近压力下降，形成负压，进而将烟气通过排烟口、排烟管道、排烟风机等排出室外。

手动操作排烟系统组件的方法如下。

1）检查确认排烟风机控制柜处于"自动"运行模式，消防控制室联动控制处于"自动允许"和"手动允许"状态。

2）现场手动操作自动排烟窗（图 4-30）和挡烟垂壁，观察其动作情况和消防控制室信号反馈情况。

3）在消防控制室手动启动排烟口（图 4-31），观察排烟风机启动和消防控制室信号反馈情况。

图 4-30　自动排烟窗现场手动按钮

4）将风机控制柜置于"手动"运行模式，手动停止风机运行，分别实施排烟口复位、消防控制室复位操作，如图 4-32 所示。

5）将风机控制柜恢复"自动"运行模式。

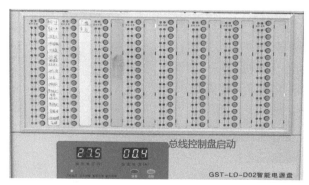

图 4-31   消防控制室总线控制盘手动启动

图 4-32   执行机构复位杆

### 三、联动启动防排烟系统

防烟系统联动启动加压送风口所在防火分区内的两只独立火灾探测器或一只火灾探测器与一只手动火灾报警按钮的报警信号，作为送风口开启和加压送风机启动的联动触发信号，并应由消防联动控制器联动控制相关层前室等需要加压送风场所的加压送风口开启和加压送风机启动。

排烟系统的启动与防烟系统同步，由同一防烟分区内的两只独立火灾探测器的报警信号，作为排烟口、排烟窗或排烟阀开启的联动触发信号，并应由消防联动控制器联动控制排烟口、排烟窗或排烟阀的开启。由排烟口、排烟窗或排烟阀开启的动作信号，作为排烟风机启动的联动触发信号，并应由消防联动控制器联动控制排烟风机的启动。

防排烟系统联动启动操作如下。

1）检查确认防烟排烟风机控制柜处于"自动"运行模式，消防控制室联动控制处于"自动允许"和"手动允许"状态。

2）使用专门消防烟枪，触发防火分区内的两只独立火灾探测器或一只火灾探测器与一只手动火灾报警按钮的报警信号；观察报警信号和防烟排烟系统联动控制情况。

3）将风机控制柜置于"手动"运行模式，手动停止风机运行，分别实施系统各组件复位、消防控制室复位操作。

4）将风机控制柜恢复"自动"运行模式。

# 4.8 应急照明和疏散指示系统的联动操作

## 一、认识疏散指示标志

消防应急照明和疏散指示系统是为人员疏散、消防作业提供照明和疏散指示的系统（图4-33），由各类应急照明灯、疏散指示标志、集中电源箱EPS、应急照明控制器等相关装置组成。在火灾等紧急情况下，消防应急照明和疏散指示系统能够为人员的安全疏散和灭火救援行动提供必要的照度条件及正确的疏散指示信息。

应急照明和
疏散指示系统
的联动操作

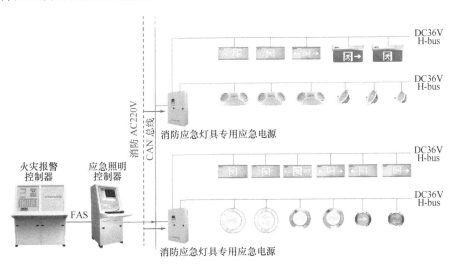

图 4-33 应急照明和疏散指示系统

疏散指示标志，对人员安全疏散具有重要作用，国内外实际应用表明，疏散指示标志可以有效地帮助人们在浓烟弥漫的情况下，及时识别疏散位置和方向，迅速沿发光疏散指示标志顺利疏散，避免造成伤亡事故。疏散指示标志大致可以分成四种类别，分别为单向疏散指示标志、双向疏散指示标志、安全出口指示标志、地面疏散指示标志，如图4-34所示。

a) 单向疏散指示标志　　　　b) 双向疏散指示标志　　　　c) 安全出口指示标志　　　　d) 地面疏散指示标志

图 4-34 疏散指示标志

1）单向疏散指示标志。标志上有一个指向安全出口的箭头，在疏散通道上，一般安装在距离地面 1m 以下的墙上，并正确指向安全出口。

2）双向疏散指示标志。标志上有两个指向安全出口的箭头，在疏散通道上，一般安装在距离地面 1m 以下的墙上，并正确指向两个安全出口。

3）安全出口指示标志。标有安全出口（EXIT）四个字的指示标志，安装在安全出口或疏散门正上方的实体墙上。

4）地面疏散指示标志。具有蓄光功能，安装在地上，并正确指向安全出口。

### 二、应急照明控制器的操作

应急照明控制器是用于控制应急照明系统的设备，具有手自动切换的功能。在突发情况下，能够及时切换到应急照明模式，保证人员的安全疏散。

应急照明控制器具体操作步骤如下。

1）在系统正常监控状态下，按"自检"键，控制器应能进入系统自检状态，面板指示灯应全部点亮，显示屏显示自检进程，同时发出自检声音。

2）自动应急启动测试。使满足应急照明自动应急启动的火灾探测器、手动火灾报警按钮发出火灾报警信号（或者通过应急照明控制器模拟火警），检查应急照明控制器的显示情况及系统设备状态，并做好记录。

3）手动应急启动测试。手动操作应急照明控制器"强启"按钮，观察记录控制器显示情况及系统设备状况。操作火灾报警控制器、应急照明控制器，使火灾自动报警系统、应急照明和疏散指示系统复位，复位后系统应处于正常监控状态。

### 三、应急照明灯的自检操作

应急照明灯是在正常照明电源发生故障时，能有效地照明和显示疏散通道，或能持续照明的一类灯具，广泛用于公共场所和不能间断照明的地方。

1）通电检测。在通电情况下直接按下应急照明灯试验按钮（图 4-35），应急照明灯亮则正常。

2）断电检测。直接拔掉应急照明灯的插头，应急照明灯亮则正常。

3）记录应急照明系统检查情况。

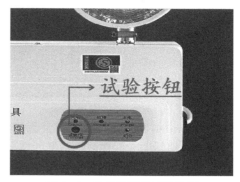

图 4-35　应急照明灯试验按钮

## 4.9　非消防电源、消防电梯的联动操作

非消防电源、
消防电梯的
联动操作

### 一、非消防电源的切换

#### 1. 非消防电源切电

当火灾发生时，消防给水系统（如自动喷水灭火系统）或救援人员用水灭火，若带电，会造成疏散人员和救援人员发生触电事故，造成二次伤

害。为避免受灾人员和救援人员因水造成漏电而发生触电事故，消防联动系统设计了强切功能。强切也称为非消防电源切电，它是指将受灾区域内不是用于消防设备运行所需的电源进行切断。

火灾时可立即切断的非消防电源包括普通动力负荷、自动扶梯、排污泵、空调用电、康乐设施、厨房设施等。不应立即切断的非消防电源包括正常照明、生活给水泵、安全防范系统设施、地下室排水泵、客梯和 I~III 类汽车库作为车辆疏散口的提升机。

**2. 非消防电源的切换过程**

火灾发生后，非消防电源的切换过程如下。

1）火警信号经数据收集站送入中央处理机，消防控制室利用火灾指挥系统（包括紧急电话或对讲电话）与灾区值班人员联系，确认火灾后，操作人员输入火灾事件程序，进行疏散和扑救。

2）火灾本层及其上、下两层的非消防电源经控制自动或手动切断，空调停止，并在消防控制室显示记录动作完成情况。

3）着火层所在区域卫生间的排气系统，以及本区各层卫生间排气扇的电源同时切断。

4）着火层及其上、下两层的一切照明电源切断，区域内事故照明和疏散指示灯开启。

5）电梯全部降到首层，非消防电梯的电源被切断，消防电梯的电源切换到备用电源上。

**3. 非消防电源切断操作**

（1）总线盘操作

1）确认当前控制方式为"手动允许"；若不是，则更改控制方式至"手动允许"。

2）在总线盘上按下非消防电源控制按钮，在"启动"指示灯亮起后等待"反馈"指示灯亮起。

（2）联动操作　发生火灾时，火灾报警控制器接收到两个独立火灾探测器的火警信号，或一个探测器和手动报警按钮的火警信号，根据预设联动逻辑，非消防电源切断操作。

## 二、消防电梯的迫降

**1. 操作"紧急迫降"按钮迫降**

消防员入口层（一般为首层）的电梯前室内的消防电梯设置供消防员专用的操作按钮（也称消防员开关、消防电梯开关）。为防止非火灾情况下的人员误动，通常设有保护装置。该按钮应设置在距消防电梯水平距离 2m 以内，距地面高度 1.8~2.1m 的墙面上。该按钮动作后，消防电梯按预设逻辑转入消防工作状态，即电梯迫降到指定层（一般为首层）并保持"开门待用"状态，方便火灾时消防人员接近和快速使用。

电梯"紧急迫降"按钮迫降电梯（图 4-36）的操作方法和步骤如下。

1）打开"紧急迫降"按钮保护罩，根据按钮类型采取按下或掀动方式启动电梯紧急迫降功能；采用钥匙开关的，使用专用钥匙将开关转至消防工作状态。

2）观察电梯迫降和开门情况，核查消防控制室反馈信息。

3）在轿厢内部操作消防电梯到达指定楼层，测试开、关门功能。

图 4-36　消防电梯"紧急迫降"按钮示意

4）在轿厢内使用专用消防对讲电话测试与消防电话主机通话功能。

5）测试消防电梯供配电自动切换功能。

6）进行"紧急迫降"按钮、消防控制室复位操作，使电梯恢复正常运行状态。

**2. 总线盘操作迫降**

1）确认当前控制方式为"手动允许"；若不是，则更改控制方式至"手动允许"。

2）在总线盘上按下电梯控制按钮，在"启动"指示灯亮起后等待"反馈"指示灯亮起。

3）消防电梯迫降至首层。完成后，按下电梯控制按钮，"启动"指示灯和"反馈"指示灯关闭。

**3. 联动操作迫降**

当发生火灾时，火灾报警控制器接收到两个独立火灾探测器的火警信号，或一个探测器和手动报警按钮的火警信号，根据预设联动逻辑，将电梯迫降至首层。

# 单元五

## >>> 火灾自动报警系统的调试与验收

### 📢 单元概述

我国多年来火灾自动报警系统的调试工作表明，只有当系统全部安装结束后再进行系统调试工作，才能做到调试的程序化、合理化。火灾自动报警系统的竣工验收是对系统施工质量的全面检查，必须严格按照国家规范和标准的规定执行。

### 🔧 教学目标

**1. 知识目标**

熟悉火灾自动报警系统调试的主要内容、要求。熟悉火灾自动报警系统验收的一般要求，能够掌握火灾自动报警系统的验收对象、项目、数量及方法。

**2. 技能目标**

能够对火灾自动报警系统部件和联动控制功能进行调试，能够对火灾自动报警系统进行验收。

### 🎚️ 职业素养要求

通过火灾自动报警系统的调试、检测、验收操作，提升自我管理能力，加强集体意识和团队合作精神，养成认真严谨的工作态度，培养安全意识、质量意识与创新意识。

# 5.1　火灾自动报警系统的性能调试

## 一、系统调试的一般要求

火灾自动报警
系统的性能调试

1）火灾自动报警及联动控制系统的调试，应在系统施工结束后进行。

2）火灾自动报警及联动控制系统调试前应具备相关文件及调试必需的其他文件。

3）调试负责人必须由有职业资格的专业技术人员担任，所有参加调试的人员应职责明确，并应按照调试程序工作。

## 二、系统调试前的准备工作

1）调试前应按设计要求查验设备的规格、型号、数量、备品备件等。

2）应按要求检查系统的施工质量。对于施工中出现的问题，应同有关单位协商解决，并做文字记录。

3）应按要求检查系统线路，对错线、开路、虚焊和短路等应进行处理。

## 三、火灾自动报警系统及部件调试

### 1. 部件调试

火灾自动报警
系统的检测

对系统中的火灾报警控制器、消防联动控制器、可燃气体报警控制器、电气火灾监控器、气体灭火控制器、消防电气控制装置、消防设备应急电源、消防应急广播设备、消防电话、火灾报警传输设备或用户信息传输装置、消防控制室图形显示装置、消防电动装置、防火卷帘控制器、火灾显示盘、消防应急灯具控制装置、防火门监控器、火灾警报装置等设备应分别进行单机通电检查。

采用火灾自动报警与联动控制系统专用工具和仪器，配备万用表等一些电工仪表即可进行调试，详见《火灾自动报警系统施工及验收标准》（GB 50166—2019）的规定。部分设备的单机调试方法如下。

（1）火灾报警控制器　切断火灾报警控制器的所有外部控制连线，并将任意一个总线回路的火灾探测器、手动火灾报警按钮等部件相连接后接通电源，使控制器处于正常监视状态。对报警控制器的自检功能、操作级别、屏蔽功能、主备电源的自动转换功能、故障报警功能、短路隔离保护功能、火警优先功能、消声功能、二次报警功能、负载功能、复位功能进行检查，如图 5-1 所示。

（2）点型感烟、感温火灾探测器　采用专用的检测仪器或模拟火灾的方法，逐个检查每只火灾探测器的报警功能，探测器应能发出火灾报警信号。对于不可恢复的火灾探测器，应采取模拟报警方法。当有备品时，可抽样检查其报警功能，如图 5-2 所示。

图 5-1 火灾报警控制器调试

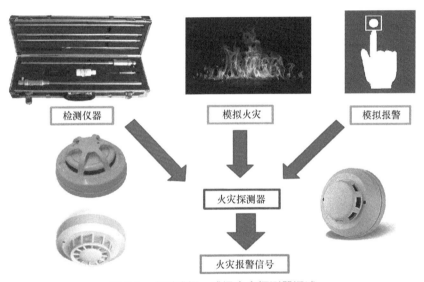

图 5-2 点型感烟、感温火灾探测器调试

（3）线型光束感烟火灾探测器 逐一调整探测器的光路调节装置，使探测器处于正常监视状态，用减光率为 0.9dB 的减光片遮挡光路，探测器不应发出火灾报警信号；用产品生产企业设定减光率（1.0~10.0dB）的减光片遮挡光路，探测器应发出火灾报警信号；用减光率为 11.5dB 的减光片遮挡光路，探测器应发出故障信号或火灾报警信号，如图 5-3 所示。选择反射式探测器时，在探测器正前方 0.5m 处按上述要求进行检查，探测器应正确响应。

（4）手动火灾报警按钮 对可恢复的手动火灾报警按钮，施加适当的推力使报警按钮动作，报警按钮应发出火灾报警信号，如图 5-4 所示。对不可恢复的手动火灾报警按钮，应采用模拟动作的方法使报警按钮动作，报警按钮应发出火灾报警信号。

（5）火灾显示盘 将火灾显示盘与火灾报警控制器相连接，按《火灾显示盘》（GB 17429—2011）的有关要求，对火灾显示盘的火灾报警信号、消声、复位功能、操作级别以及主备电源的自动转换功能和故障报警功能进行检查，如图 5-5 所示。

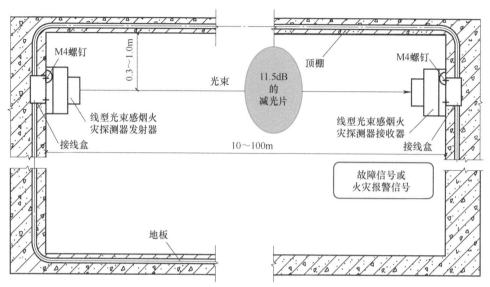

图 5-3　线型光束感烟火灾探测器调试

图 5-4　可恢复的手动火灾报警按钮

图 5-5　火灾显示盘的火灾报警信号

（6）消防电话　按《消防联动控制系统》（GB 16806—2006）的有关要求，对消防电话进行故障功能、通话功能、消防电话主机的自检功能、消声和复位功能、群呼、录音、记录和显示等功能进行检查，如图 5-6 所示。

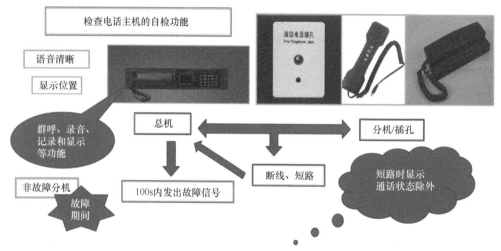

图 5-6　消防电话调试

（7）消防应急广播设备　按《消防联动控制系统》（GB 16806—2006）的有关要求，对消防应急广播设备的自检功能、故障功能、监听、显示、预设广播信息、通过扬声器广播及录音功能、主备电源的自动转换功能进行检查。强行切换至应急广播状态，对扩音机进行全负荷试验。应急广播的语音应清晰，声压级应满足要求。每回路任意抽取一个扬声器，使其处于断路状态，其他扬声器的工作状态不应受影响，如图5-7所示。

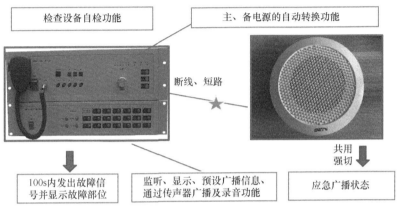

图5-7　消防应急广播设备调试

（8）火灾声光警报器　逐一将火灾声光警报器与火灾报警控制器相连，接通电源。操作火灾报警控制器使火灾声光警报器启动，采用仪表测量其声压级，非住宅内使用室内型和室外型火灾声警报器的声信号至少在一个方向上3m处的声压级（A计权）应不小于75dB，且在任意方向上3m处的声压级（A计权）应不大于120dB。具有两种及两种以上不同音调的火灾声警报器，其每种音调应有明显区别。火灾光警报器的光信号在100~500lx环境光线下，25m处应清晰可见，如图5-8所示。

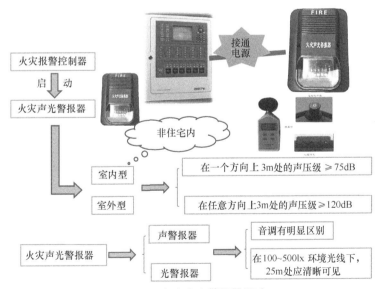

图5-8　火灾声光警报器调试

（9）消防联动控制器

1）调试准备。消防联动控制器调试时，在接通电源前应将其与火灾报警控制器、任意备用回路的输入/输出模块相连；将备用回路模块与其控制的消防电气控制装置相连；切断水泵、风机等各受控现场设备的控制连线，如图5-9所示。

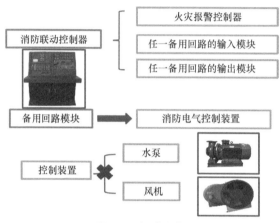

图 5-9　调试准备

2）调试要求。使消防联动控制器分别处于自动工作和手动工作状态，检查其状态显示，并按《消防联动控制系统》（GB 16806—2006）的有关要求，检查控制器的自检功能和操作级别、故障功能、消声、复位功能、屏蔽功能、最大负载功能；检查主、备电源的自动转换功能和总线隔离器的隔离保护功能。

3）接通所有启动后可以恢复的受控现场设备。使消防联动控制器处于自动状态，进行检查：按设计的联动逻辑关系，使相应的火灾探测器发出火灾报警信号，检查消防联动控制器接收火灾报警信号情况、发出联动控制信号情况、模块动作情况、消防电气控制装置的动作情况、受控现场设备动作情况、接收联动反馈信号（对于启动后不能恢复的受控现场设备，可模拟现场设备联动反馈信号）及各种显示情况；检查手动插入优先功能，如图5-10所示。

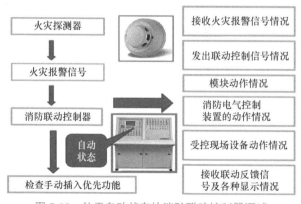

图 5-10　处于自动状态的消防联动控制器调试

4）使消防联动控制器处于手动状态，按《火灾自动报警系统设计规范》（GB 50116—2013）要求设计的联动逻辑关系，依次手动启动相应的消防电气控制装置，检查消防联动控制器发出联动控制信号情况、模块动作情况、消防电气控制装置的动作情况、受控现场设备动作情况、接收联动反馈信号及各种显示情况，如图 5-11 所示。

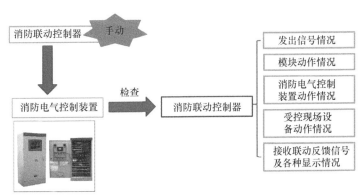

图 5-11　处于手动状态的消防联动控制器调试

**2. 系统整体联动控制功能调试**

按《火灾自动报警系统设计规范》（GB 50116—2013）的规定，将所有分部调试合格的系统部件、受控设备或系统相连接并通电运行，在连续运行 120h 无故障后，使消防联动控制器处于自动控制工作状态。

根据系统联动控制逻辑设计文件的规定，对火灾警报、消防应急广播系统、用于防火分隔的防火卷帘系统、防火门监控系统、防烟排烟系统、消防应急照明和疏散指示系统、电梯和非消防电源等自动消防系统的整体联动控制功能进行检查并记录，系统整体联动控制功能应符合《火灾自动报警系统施工及验收标准》（GB 50166—2019）的规定。

## 四、调试记录及报告的编写方法

调试工作是安装工程中的一个重要环节。从开始安装到系统开通前，往往存在许多安装质量和设备功能等方面的问题，应通过调试予以发现和排除。因此调试记录是判断安装工程质量和设备质量能否安全可靠运行的技术鉴定，调试的结果可以作为系统能否投入运行的依据。调试记录的内容包括调试步骤、调试方法和仪器、调试中发现的问题以及排除方法、各种整定数据等。调试记录作为系统安装施工的技术资料，为日后维修、运行、扩大或更新设备提供重要依据。

调试人员应根据实际情况在系统交工前填写好系统调试报告，调试报告见表 5-1。由调试负责人在报告中签注结论性意见，并加盖安装单位公章，调试负责人及参与人员签字。

表 5-1　调试报告

| 工程名称 | | | | 工程地址 | | | |
|---|---|---|---|---|---|---|---|
| 使用单位 | | | | 联系人 | | 电话 | |
| 调试单位 | | | | 联系人 | | 电话 | |
| 设计单位 | | | | 施工单位 | | | |
| 工程主要设备 | 设备名称型号 | 数量 | 编号 | 出厂年月 | 生产厂 | | 备注 |
| | | | | | | | |
| | | | | | | | |
| | | | | | | | |
| 施工有无遗留问题 | | | | 施工单位联系人 | | 电话 | |
| 调试情况 | | | | | | | |
| 调试人员（签字） | | | | 使用单位人员（签字） | | | |
| 施工单位负责人（签字） | | | | 设计单位负责人（签字） | | | |

## 5.2　火灾自动报警系统的验收

### 一、火灾自动报警及联动控制系统验收的一般要求

火灾自动报警系统的验收

　　1）系统竣工验收是对系统设计和施工质量的全面检查。消防检测主要是针对工程施工质量对照规范要求和设计内容进行检查和必要的系统性能测试。建设和施工单位必须委托相关机构进行技术检测，取得技术测试报告，由建设单位组织验收。

　　2）系统竣工后，建设单位应组织施工、设计、监理等单位进行系统验收，验收不合格不得投入使用。

　　3）气体灭火系统、防火卷帘系统、自动喷水灭火系统、消火栓系统、防烟排烟系统、消防应急照明和疏散指示系统及其他相关系统的联动控制功能检测、验收，应在各系统功能满足现行相关国家技术标准和系统设计文件规定的前提下进行。

　　4）系统验收时，应对施工单位提供的资料进行齐全性和符合性检查，并按相关规定填写记录。

5）设备选型、设备设置应与设计文件相符。

6）产品检测报告、出厂合格证等相关证明文件应符合消防产品准入制度。

7）安装质量主要检查设备安装应牢固可靠，设备的安装高度、间距等应符合施工及验收规范要求。

8）设备和系统的基本功能、手动控制功能、联动控制功能应符合《火灾自动报警系统设计规范》（GB 50116—2013）和设计的联动逻辑关系规定。

9）为保证整个消防设备施工安装的质量，应将火灾自动报警设备有关的自动灭火设备及其他联动控制设备列入验收内容。

### 二、火灾自动报警及联动控制系统验收的内容与方法

火灾自动报警系统与联动控制系统的检测验收是对火灾自动报警系统组件的设置设备选型、安装质量以及系统功能进行全面的检查测试，确保系统发挥应有的作用。在系统竣工验收时，火灾自动报警系统的检测和验收对象、项目及数量详见《火灾自动报警系统施工及验收标准》（GB 50166—2019）的规定。

1）各类消防用电设备主、备电源的自动转换装置（图 5-12），应进行 3 次消防功能转换试验，每次试验均应正常。

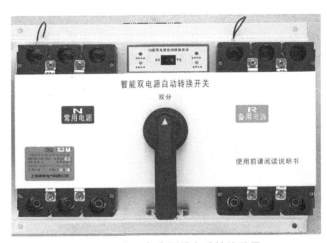

图 5-12　主、备电源的自动转换装置

2）火灾报警控制器（含可燃气体报警控制器）和消防联动控制器应按实际安装数量全部进行功能检验。消防联动控制系统中其他各种用电设备、区域显示器应按下列要求进行功能检验。

① 实际安装数量在 5 台以下者，全部检验。

② 实际安装数量在 6~10 台者，抽验 5 台。

③ 实际安装数量超过 10 台者，按实际安装数量的 30%~50% 抽验，但抽验总数不应少于 5 台。

④ 各装置的安装位置、型号、数量、类别及安装质量应符合设计要求，如图 5-13所示。

图 5-13 火灾报警控制器（含可燃气体报警控制器）和消防联动控制器

3）火灾探测器（含可燃气体探测器）和手动火灾报警按钮，应按下列要求进行模拟火灾响应（可燃气体报警）和故障信号检验。

① 实际安装数量在 100 只以下者，抽验 20 只（每个回路都应抽验）。

② 实际安装数量超过 100 只，每个回路按实际安装数量 10%~20% 的比例进行抽验，但抽验总数应不少于 20 只。

③ 被检查的火灾探测器的类别、型号、适用场所、安装高度、保护半径、保护面积和探测器的间距等均应符合设计要求，如图 5-14 和图 5-15 所示。

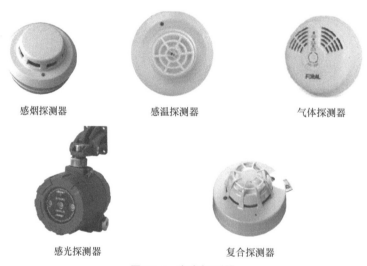

图 5-14 火灾探测器

4）室内消火栓的功能验收应在出水压力符合现行国家有关建筑设计防火规范的条件下，抽验下列控制功能。

① 在消防控制室内操作启、停泵 1~3 次。

② 消火栓处操作启泵按钮，按实际安装数量 5%~10% 的比例抽验。

5）自动喷水灭火系统，应抽验下列控制功能。

① 在消防控制室内操作启、停泵 1~3 次。

② 水流指示器、信号阀等按实际安装数量 30%~50% 的比例进行抽验，如图 5-16 所示。

③ 压力开关、电动阀、电磁阀等按实际安装数量全部进行检验。

6）气体、泡沫、干粉等灭火系统（图 5-17），应在符合国家现行有关系统设计规范的条件下按实际安装数量 20%~30% 的比例抽验下列控制功能。

① 自动、手动启动和紧急切断试验 1~3 次。

② 与固定灭火设备联动控制的其他设备动作（包括关闭防火门窗、停止空调风机、关闭防火阀等）试验 1~3 次，如图 5-18 所示。

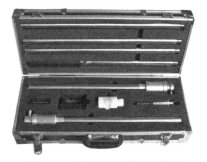

图 5-15　探测器功能试验装置

水流指示器　　　　　电磁阀　　　　　　信号阀　　　　　压力开关

图 5-16　自动喷水灭火系统组成图

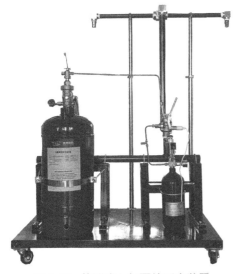

图 5-17　管网式七氟丙烷灭火装置

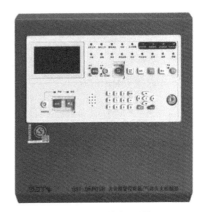

图 5-18　气体报警控制器

7）电动防火门、防火卷帘（图 5-19），5 樘以下的应全部检验，超过 5 樘的应按实际安装数量 20% 的比例抽验，但抽验总数不应小于 5 樘，并抽验联动控制功能。

8）防烟排烟风机应全部检验，通风空调和防排烟设备的阀门，应按实际安装数量

10%~20% 的比例检验，并抽验联动功能，且应符合下列要求。

　① 报警联动启动、消防控制室直接启停、现场手动启动联动防烟排烟风机 1~3 次。

　② 报警联动停止、消防控制室远程停止通风空调送风 1~3 次。

　③ 报警联动开启、消防控制室开启、现场手动开启防排烟阀门 1~3 次，如图 5-20 所示。

图 5-19　防火卷帘

图 5-20　防烟排烟系统

　9）消防电梯应进行 1~2 次手动控制和联动控制功能检验，非消防电梯应进行 1~2 次联动返回首层功能检验，其控制功能、信号均应正常。

　10）火灾应急广播设备，应按实际安装数量 10%~20% 的比例进行下列功能检验。

　① 对所有广播分区进行选区广播，对共用扬声器进行强行切换。

　② 对扩音机和备用扩音机进行全负荷试验。

　③ 检查应急广播的逻辑工作和联动功能，如图 5-21 所示。

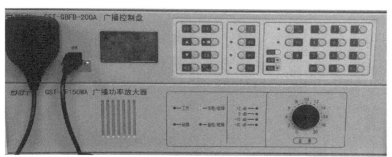

图 5-21　火灾应急广播设备

　11）消防专用电话的检验，应符合下列要求。

　① 消防控制室与所设的对讲电话分机进行 1~3 次通话试验。

　② 电话插孔按实际安装数量 10%~20% 的比例进行通话试验。

　③ 消防控制室的外线电话与另一部外线电话模拟报警电话进行 1~3 次通话试验，如图 5-22 所示。

图 5-22　消防专用电话和防控制室的外线电话

12）消防应急照明和疏散指示控制装置应进行 1~3 次使系统转入应急状态检验，系统中各消防应急照明灯具均应能转入应急状态，如图 5-23 和图 5-24 所示。

图 5-23　应急标志灯具

图 5-24　应急照明控制器

### 三、火灾自动报警及联动控制系统验收的判定标准

根据各项目对系统工程质量影响严重程度的不同，将验收的项目划分为 A、B、C 三个类别。

1）系统内的设备及配件规格型号与设计不符、无国家相关证书和检验报告；系统内的任一控制器和火灾探测器无法发出报警信号，无法实现要求的联动功能的，定为 A 类不合格。

2）检测前提供的资料不符合相关要求的定为 B 类不合格。

3）其余不合格项均为 C 类不合格。

系统验收结果满足 A 类项目不合格数量为 0，B 类项目不合格数量小于或等于 2，B 类项目不合格数量与 C 类项目不合格数量之和小于或等于检查项目数量的 5% 时，系统检测、验收结果为合格，否则为不合格。

各项检测、验收项目中有不合格的，应修复或更换，并应进行复验。复验时，对有抽验比例要求的，应加倍检验。

# 单元六

>>> **智慧消防系统**

**单元概述**

　　本单元的主要内容是智慧消防系统平台的组成、常用功能和测试技能，以及根据智慧消防系统云平台进行界面操作与管理。

**教学目标**

　　**1. 知识目标**

　　认识智慧消防系统平台的组成，远程控制平台常用功能和测试技能，掌握智慧消防系统平台常用功能和测试技能。

　　**2. 技能目标**

　　能够操作智慧消防系统平台及诊断常见故障。

**职业素养要求**

　　通过智慧消防的引入，激发创新精神。

# 6.1 认识智慧消防系统

## 一、智慧消防系统的架构

### 1. 硬件架构

系统通过传感器、开关量信号采集设备采集现场消防设施的工作状态，并通过消防远程测控终端利用原有网络将数据定时上传到平台，通过用户信息采集传输装置接收火灾自动报警系统的报警信息上传，同时系统可以通过硬件对现场部分设备的部分功能进行控制，达到应急响应的目的。

认识智慧消防
系统

整个系统的所有硬件各自独立运行，互不影响，基于原有监控网络与智慧消防系统平台进行数据交互（图 6-1）。

视频监控系统采用端到端访问模式，不影响原有监控视频的使用，也不会对监控系统平台造成影响。

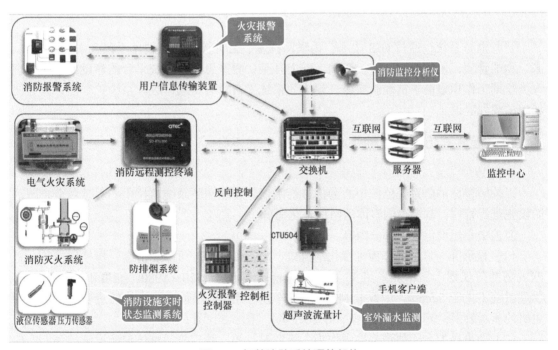

图 6-1　智慧消防系统硬件架构

### 2. 软件架构

智慧消防系统平台采用通用标准开放式开发，一般采用 SaaS 模式，使用 RESTful 架构进行设计，可以通过使用定义好的接口与不同的服务联系起来，通过应用分类提供差异化的 WEB 数据服务（图 6-2）。

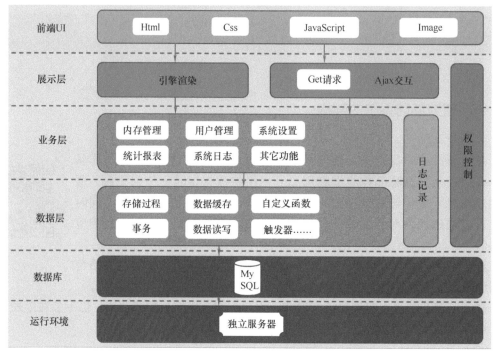

图 6-2    智慧消防系统软件架构

智慧消防系统，通过 GIS 技术、物联网技术、云计算技术等技术手段，实现消防人、事、物的管理，使传统消防带上眼睛、配上耳朵、智慧思考。系统平台的建设依托于管理人员长期工作积累的丰富经验实施，建成的系统平台具有持续升级和系统扩容性，以方便场地的规划建设。

## 二、智慧消防系统监控中心

### 1. 智慧消防系统监控中心的建设内容

以校园智慧消防系统监控中心为例进行阐述。智慧消防系统监控中心通过对全校园消防设施进行管理，掌握校园整体消防信息化命脉。

监控中心建设包含三部分内容。

（1）显示屏    显示屏作为可视化的窗口，应保证安全、可靠、清晰、操控便捷等；根据现场情况规划，显示屏采用 46 寸屏，清晰度不低于 1920×1080，亮度不低于 500cd，物理拼缝不大于 5.5mm，配备 HIMI 高清矩阵进行控制，整体屏幕支持任意切分显示，为更好的显示效果，屏幕建设成 3×3 等比例模式（图 6-3、图 6-4）。

（2）值班操控台    值班操控台作为人员实时操控、管理校园整体消防设施的场所，应保证方便应用；操作台配有三个独立工位，每个工位配有工作站（工作专用计算机）、电话等必要设施，三个工作站对智慧消防系统分权限、分专业管理。

（3）网络、数据服务    监控中心服务应引入校园监控系统光纤网络和校园校内网络，其中校园监控系统光纤网络作为消防设施实时状态信息、远程控制等方面使用；校园校内网络则作为专用巡检设备、监测设备等需外网支持设备使用。

图 6-3　显示屏效果图

| 46寸 | 46寸 | 46寸 | 46寸 | 46寸 |
|---|---|---|---|---|
| 46寸 | 46寸 | 46寸 | 46寸 | 46寸 |
| 46寸 | 46寸 | 46寸 | 46寸 | 46寸 |
| | | | | |

图 6-4　显示屏规划尺寸图

服务器配置应满足智慧消防系统应用，原则上每个独立应用服务器应配有备用机，并支持双机热备；为更好管理网络、服务器，应配置独立服务器机柜、路由器、交换机等网络支撑设备；服务器配置参数见表6-1。

表 6-1　智慧消防系统服务器配置参数

| 序号 | 项目 | 硬件配置要求 | 数量／台 | 备注 |
|---|---|---|---|---|
| 1 | 数据库服务器 +HBA 卡 | CPU：≥4 颗 XeonE7-4820v2（2.00GHz/8c）/7.2GT/16ML3<br>内存：≥64GB DDR3<br>RAID 卡：八通道高性能 SAS RAID 卡 RS0810L（1G 缓存）<br>硬盘：3×600GB（10K HSB SAS 6Gbps），做 Raid5<br>网卡：四端口千兆以太网卡 | 1 | |
| 2 | 综合服务应用服务器 +HBA 卡 | CPU：≥4 颗 XeonE7-4820v2（2.00GHz/8c）/7.2GT/16ML3<br>内存：≥64GB DDR3<br>RAID 卡：八通道高性能 SAS RAID 卡 RS0810L（1G 缓存）<br>硬盘：3×600GB（10K HSB SAS 6Gbps）<br>网卡：四端口千兆以太网卡 | 1 | |

作为智慧消防系统的"大脑",监控中心应配置UPS电源,以保证系统运行的可靠性,UPS电源应保证监控中心智慧消防系统正常工作不少于8h。

(4)部分装饰等其他部分　为保证智慧消防系统监控中心的安全、美观、协调性,当上述系统布置完成后,应对整体空间进行装饰(图6-5)。

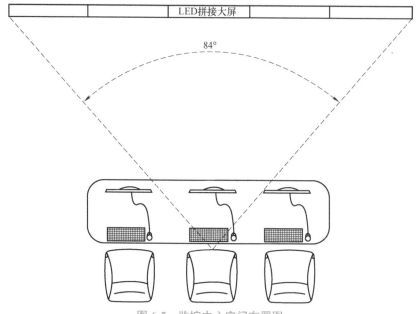

图6-5　监控中心空间布置图

### 2. 消控中心集成

校园中独立、离散分布着多台消防火灾报警控制器,这些消防火灾报警控制器独立工作,无法形成整体协调作用,而且每一处都需要设置独立人员进行管控,浪费人力资源。消控中心集成(图6-6)是通过采集终端、控制终端等设备,把分散火灾报警控制器的控制功能融合到智慧消防系统内,使智慧消防系统可以通过平台对每一分散火灾报警控制器(图6-7)进行信息采集及控制,并通过系统数据综合协调分散报警控制器联合动作;信息的显示和控制尽可能保持原有的操作习惯,以方便管理者对系统进行灵活操作。

### 3. 消防泵房系统集成

消防泵房通常无人值班,当校园发生火情时无法第一时间切换手自动、启动消防泵组,无法向消防管网持续供水,延误时机,错失火灾初期的"黄金灭火三分钟"。消防泵房系统集成(图6-8)是通过各类控制传感器、控制终端实现智慧消防系统平台对消防泵组状态(手动、自动、电源、启动、停止等)的实时采集和远程控制(切换控制柜手自动、启动、停止消防泵组,如图6-9所示),当发生火情时可以第一时间管控,与其他消防系统联合动作。

## 三、消防设施状态实时监测

消防设施状态实时监测是通过各类传感器实时采集火灾自动报警系统信息(火警、故障、屏蔽、启动、反馈等)、灭火系统信息(消火栓管网压力、喷淋管网压力、水池液位等)、电气火灾报警系统信息(线缆电流、线缆温度、漏电电流等)、防排烟系统信息(风机电源、手自动、启停等）等信息，通过智慧消防系统平台对消防设施状态进行实时管控（图 6-10 和图 6-11）。

图 6-6　消控中心集成系统图

图 6-7　火灾报警控制器控制面板

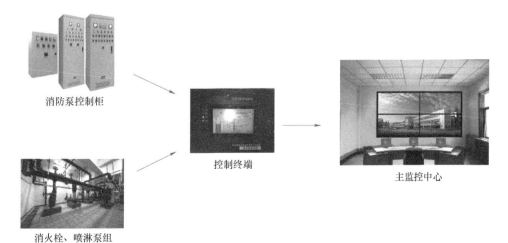

图 6-8　消防泵房系统集成系统图

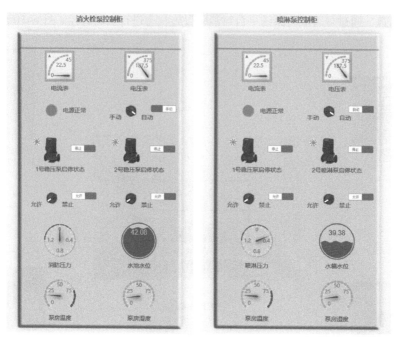

图 6-9　消防泵组控制面板

图 6-10　消防设施实时监测示意图

**1. 火灾自动报警系统实时监测**

火灾自动报警系统实时监测（图 6-12）是通过用户信息传输装置采集不同报警主机的协议数据，通过网络传输到智慧消防系统平台，通过系统平台对报警信息进行实时管控，所有报警系统信息会分权限向相应管理者推送，提醒其第一时间进行处理。

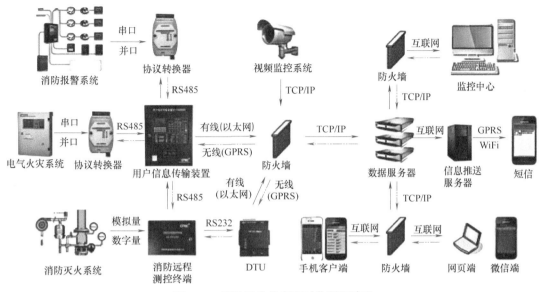

图 6-11　消防设施状态实时监测系统图

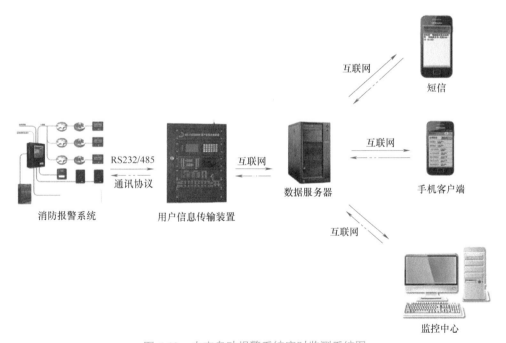

图 6-12　火灾自动报警系统实时监测系统图

**2. 灭火系统实时监测**

灭火系统实时监测（图 6-13）是通过压力传感器、液位传感器、干接点继电器等采集设备（图 6-14）采集信息，然后通过消防远程测控终端统一通过视频管线网络传输到中心数据平台，通过系统平台对灭火系统信息进行实时管控，所有灭火系统信息会分权限向相应管理者开放，管理者可以通过手机实时查看。灭火系统信息采集分为两种类型：泵房部分、独立建筑部分。

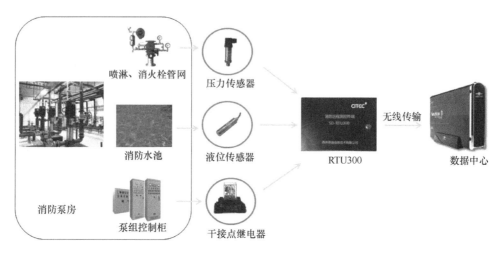

图 6-13    灭火系统实时监测系统图

（1）泵房部分    泵房部分（图 6-15）采集消防泵组出水管网的喷淋管网实时压力、消火栓管网实时压力（2 个压力采集点），消防水池液位、消防水箱液位（2 个液位采集点），泵房温湿度（1 个温度采集点、1 个湿度采集点），消防泵控制柜电源、手自动、启停（12 个开关量采集点）。

（2）独立建筑部分    对于校园的独立建筑，每个建筑采集消火栓进水管的 2 个消火栓管网压力点、1 个顶层消火栓网络末端压力点；对于有喷淋系统的建筑，采集 1 个底层进水管压力点、1 个顶层末端压力点。

**3. 电气火灾系统实时监测**

电气火灾系统实时监测（图 6-16）是通过智能空开对每个宿舍的用电信息（电压、电流、漏电、线缆温度等），通过网络实时传输到智慧消防系统平台，并且可在智能空开上设置断电阈值，从而保证出现违规用电时能自动断电。所有报警系统信息会分权限向相应管理者推送，提醒其第一时间进行处理。

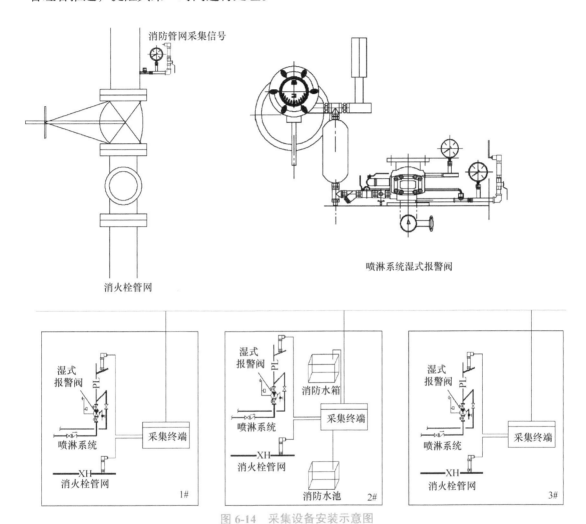

图 6-14 采集设备安装示意图

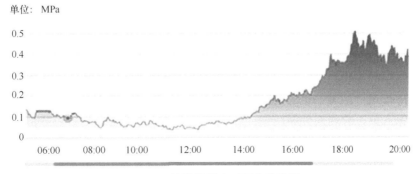

图 6-15 消防管网实时压力曲线图

| 消防柜电气火灾监测 | | | | |
|---|---|---|---|---|
| 名称 | 数值 | | 参考值 | 曲线图 |
| A相电压 | | 221V | 0~250V | |
| B相电压 | | 222.9V | 0~250V | |
| C相电压 | | 219.3V | 0~250V | |
| A相电流 | | 0A | 0~30A | |
| B相电流 | | 0A | 0~30A | |
| C相电流 | | 0A | 0~30A | |
| A相剩余电流 | | 4mA | 0~100mA | |
| B相剩余电流 | | 0mA | 0~100mA | |
| C相剩余电流 | | 0mA | 0~100mA | |
| A相电缆温度 | | 11.7度 | 0~80度 | |
| B相电缆温度 | | 11.5度 | 0~80度 | |
| C相电缆温度 | | 11.5度 | 0~80度 | |

| 喷淋柜电气火灾监测 | | | | |
|---|---|---|---|---|
| 名称 | 数值 | | 参考值 | 曲线图 |
| A相电压 | | 221V | 0~250V | |
| B相电压 | | 222.9V | 0~250V | |
| C相电压 | | 219.3V | 0~250V | |
| A相电流 | | 0A | 0~30A | |
| B相电流 | | 0A | 0~30A | |
| C相电流 | | 0A | 0~30A | |
| A相剩余电流 | | 4mA | 0~100mA | |
| B相剩余电流 | | 0mA | 0~100mA | |
| C相剩余电流 | | 0mA | 0~100mA | |
| A相电缆温度 | | 11.7度 | 0~80度 | |
| B相电缆温度 | | 11.5度 | 0~80度 | |
| C相电缆温度 | | 11.5度 | 0~80度 | |

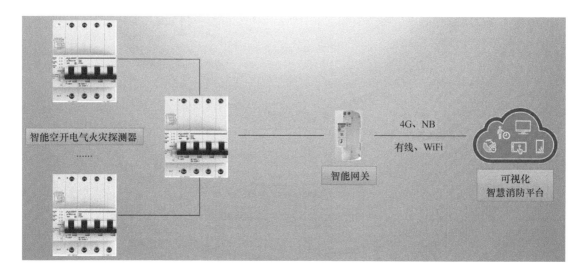

图 6-16　电气火灾系统实时监测系统图

### 4. 防排烟系统实时监测

防排烟系统实时监测（图 6-17）是通过消防远程测控终端配合电磁继电器采集控制柜的电源、手自动、启停状态信息，再通过网络将防排烟系统的工作状态实时传送到智慧消防系统平台进行统一监测管控。

### 5. 其他消防设施监测

智慧消防系统平台预留其他信息接入端口，方便后期拓展相应项目。

### 6. 预警信息推送

根据应用层的不同，可通过短信、微信（图 6-18）、手机、APP、系统内通知等方式实现实时信息的推送。预警信息的实时推送可以根据权限设置向不同角色人员推送，比如巡检人员、维保人员、管理人员等。

## 四、消防报警视频联动

借助于现有校园网络视频监控系统，当宿舍、教学楼某一探测器发出警报时，智慧消防系统平台可以联动区域内网络摄像机，直接推送出视频监控信息，锁定区域视频图像（图6-19），第一时间确定现场情况，快速反应，避免由于"跑点"延时造成事故扩大。

图6-17　防排烟系统实时监测

图6-18　微信端实时监测

此外，可以通过将已有的监控摄像头接入人工智能AI视频分析仪的方式，实现消控室人员在离岗检测、消控室人员持证上岗检测、消防通道被车辆占用检测、电瓶车违规停放检测、烟雾检测、灭火器识别、室内消防通道被占用检测、火焰识别，并可以将这些信息传送进智慧消防系统平台。

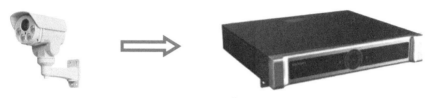

图 6-19    消防报警视频联动

智慧消防系统平台通过每一网络摄像机 IP 对应探测器点位信息，当具体探测器点位发出警报时，可以第一时间联动推送。

## 五、智慧巡检维护系统

智慧巡检维护系统是通过二维码技术对每个消防设施单体进行设备名称、设备地址、设备代码、巡检周期、设备组成、巡检注意事项的定义，定义后的二维码打印张贴到单体设备上，通过手机 APP 可以读取二维码上相应信息，并实施快速巡检、保修过程把控，最终以统筹信息或报表方式显示巡检、维修过程，追溯设施安全生命周期过程；智慧巡检维护系统相较传统巡检方式存在多方面优势。

（1）巡检过程无纸化    相较于传统巡检方式，智慧巡检维护系统的整个过程告别纸质化，同时减少人工编辑表格等繁重工作，提高办公效率。

（2）维修过程移动化    传统巡检过程中出现设施损坏申请维修，需要纸质记录后填写维修单，然后寻找各级领导一步一步审批，这种方式耗时又耗力，降低办事效率，同时由于文字描述的不准确性等原因，各级领导获取的信息不对称，会造成误解，整个维修过程亦难以掌控；而智慧巡检维护系统则可以在巡检人员发现问题时第一时间通过智能手机拍照，描述故障损坏详情后直接上传维修报表到上一级管理者，上一级管理者在手机端、PC 端制定方案，继续上传审核，维修方案审核完成后即可及时下发到维修者手机，维修者进行设施维修，各级管理者可以对维修过程进行实时监督查看，维修结束后现场直接拍照申请验收即可。以上每个步骤都支持手机移动端操作和 PC 端操作，每个步骤都支持拍照和手写签名，最终维修过程会自动形成表单以供分类查看，维修过程会存入设备生命周期简史中，作为下一次巡检、维修时的参考。

（3）设备巡检预警告知    传统巡检通过人为的主观能动性对每个设备进行巡检，设施遗漏巡检往往需要在统计报表时才能探知，或是在下一班巡检时代签上一班巡检，无意漏检后，无从查起，无法从根源解决过期漏检问题的存在；智慧巡检维护系统则可通过预设设施巡检周期，在设施需巡检前 3 天或 30 天（提前预警时间可灵活设定）进行预警提醒，对巡检即将到期的设备提前预警告知，最大限度避免工作遗漏，过期巡检内容可分人员、分时间段、分设施统计、导出报表。

（4）灭火器巡检预警    在传统巡检方式中，灭火器过期与否、所处位置、灭火器类型等各类情况不好统计，灭火器在后期由于损坏等各方面原因更换后信息更是错综复杂，难以有效管理；智慧巡检维护系统通过二维码对每个灭火器信息进行标定，预设灭火器过期时间，在灭火器即将过期时系统自动预警，在灭火器过期后直接警告，且通过每次巡检的定位信息可以准确地知道过期灭火器的位置，即使灭火器位置发生人为改动亦可准确查找，灭火器信息标定方便且详尽，智慧巡检维护系统平台将监视灭火器全生命周期的使用过程。

（5）过程监督　传统巡检中仅凭一支笔记录，具体巡检过程的真实性无从考证；智慧巡检维护系统则在巡检时自动对巡检人员进行定位和前置摄像头秘密拍照，可以核实巡检人员的工作有效性，巡检人员是否本人操作，避免替班情况的发生，每一个设备的巡检信息系统自动存档，规避重复巡检、巡检遗漏和后期弄虚作假的情况发生，监督人员通过抽查巡检档案判断巡检的真实性，同时亦可评判巡检人员是否恪尽职守。

### 六、统计分析

智慧消防系统平台可以利用前端设备设施上传的报警数据或状态数据进行统计分析（图 6-20），从而针对校园每个建筑物消防设施运行的健康情况进行量化统计。

图 6-20　消防设施监测数据统计

## 6.2　智慧消防系统的操作与管理

### 一、平台介绍

近年来，随着信息化水平的不断提高，各行各业都在逐步推进与实践信息化与网络化。智慧消防系统平台提供一个模拟的消防安全管理平台，实现实时远程监测。

智慧消防系统平台主要包含首页、查岗、维保巡查、历史记录、综合分析、单位管理、在线学习、系统设置等模块。

## 二、登录方式

打开智慧消防系统平台网址，输入账号与密码，然后输入验证码，进行登录。

## 三、"首页"界面

智慧消防系统
的操作与管理

（1）首页　在此界面可查看到该联网单位实时监测的火警信息、联网单位的基础信息、各个联网单位在线设备的统计图、灭火器、维保进度、巡查进度统计图。

（2）火警　"实时火警信息"显示由报警主机反馈来的火警信息（24小时内），点击"警情描述"可查看 CRT 和视频信息。点击"更多"，可详细查看报警信息，点击"处理"按钮，可对报警信息进行处理。如果火警信息是误报，则勾选"是否误报"；如果火警信息不是误报，需填写处理内容；若损坏严重需要维修，则要勾选"是否需要维修"，再填写维修描述。之后可自动生成维修单，自动派发给APP端的维保任务模块。点击"导出"按钮，可导出相应的Excel表格，如图 6-21 所示。

| | A | B | C | D | E | F | G |
|---|---|---|---|---|---|---|---|
| 1 | 单位名称 | 时间 | 测试 | 报警类型 | 节点 | 报警分类 | 报警地点 |
| 2 | 苏州思迪信息技术有限公司 | 2018-11-30 12:06:32 | 否 | 火警 | 部位号-303788486846011 | ST烟雾报警器 | 吴中区月浜街18号 |
| 3 | 思迪建筑消防演示平台 | 2018-11-30 09:43:21 | 否 | 火警 | 主机0001回路0031分区0032 | 剩余电流 | 配电房电气火灾监测 |
| 4 | 思迪建筑消防演示平台 | 2018-11-30 09:42:51 | 否 | 火警 | 主机0001回路0001分区0017 | 手动按钮 | 一楼手报 |
| 5 | 思迪建筑消防演示平台 | 2018-11-30 08:17:07 | 否 | 火警 | 传输装置手动按钮 | 传输装置 | 监控值班室 |
| 6 | 思迪建筑消防演示平台 | 2018-11-30 08:08:38 | 否 | 火警 | 传输装置手动按钮 | 传输装置 | 监控值班室 |
| 7 | 思迪建筑消防演示平台 | 2018-11-29 17:17:03 | 否 | 火警 | 传输装置手动按钮 | 传输装置 | 监控值班室 |
| 8 | 苏州思迪信息技术有限公司 | 2018-11-29 16:34:23 | 否 | 火警 | 部位号-303788486846011 | ST烟雾报警器 | 吴中区月浜街18号 |
| 9 | 思迪建筑消防演示平台 | 2018-11-29 13:19:16 | 否 | 火警 | 主机0001回路0001分区0017 | 手动按钮 | 一楼手报 |
| 10 | 联网11-28 | 2018-11-29 13:16:04 | 否 | 火警 | 主机0001回路0001分区0001 | 消火栓钮 | 测试点位 |
| 11 | | | | | | | |
| 12 | | | | | | | |
| 13 | | | | | | | |
| 14 | | | | | | | |
| 15 | | | | | | | |
| 16 | | | | | | | |
| 17 | | | | | | | |
| 18 | | | | | | | |
| 19 | | | | | | | |

图 6-21　导出信息表示例

## 四、"查岗"界面

（1）查岗　"查岗"针对传输装置而设，例如选择一个在线设备，点击"查岗选中"按钮，则会弹出提示框"按确定键进行查岗操作"，点击"确定"按钮，则查岗成功。查岗时间为 10 分钟，超过 10 分钟之后，会显示查岗超时。如果要查岗全部在线设备，可以点击"查岗全部"按钮，进行查岗。

（2）点名　通过"点名"可对在线设备进行点名操作，例如选择一个在线设备，点击"点名选中"，则会弹出提示框"按确定键进行点名操作"，点击"确定"之后，进入点名状态，并在点名记录中留下一条点名记录。

（3）查岗记录　点击"查岗记录"，显示各个单位名称的查岗记录，可查询查岗的发送状态、值班状态、回应时间、回应用户，查岗成功之后可详细查看身份信息等。如需搜索历史查岗记录，可通过查岗状态和时间筛选来获得。

（4）点名记录　在"点名记录"界面可查看到各个单位名下在线设备的点名结果记录，在数据量较多的情况下，可通过分页码进行查看，可根据点名结果、时间来筛选历史记录。

### 五、维保巡查

（1）项目管理　选择"维保巡查"模块，查看该单位维保巡查信息；"合同信息"用于展示后台上传的合同列表数据，点击"查看"可下载合同文档；"维保计划"用于展示后台创建的维保计划，点击"设备数量""进度数量"可查看二级页面，展示详细数据；"巡查计划"用于展示后台创建的巡查计划，点击"设备数量""进度数量"可查看二级页面，展示详细数据；"报告中心"的首条数据是系统生成，点击"导出"按钮，配置导出逻辑，可导出平台维保报告模板，展示后台上传的报告数据，点击"查看"可下载后台上传的文档。

（2）设备管理　选择某一单位，点击"设备管理"，可查看该单位维保巡查配置的普通设备和灭火器类别设备。

（3）人员监督　选择某一单位，点击"人员监督"，可查看该单位分配的人员列表数据，以及对应人员的巡查、维保、维修数据，点击数字打开二级页面，展示详细数据。

（4）任务管理　选择某一单位，点击"任务管理"，可查看该单位巡查、维保、维修任务图表数据。

### 六、历史记录

"历史记录"包含报警信息历史记录、维保历史记录、巡查历史记录、视频监控情况历史记录、值班历史记录、设备状态历史记录、操作记录、短信记录、电话记录、流量统计、用户传输装置记录、处理记录。

（1）报警信息历史记录　选择某一报警系统，进入该界面可查看到各个单位的报警信息，并且进行处理，处理流程与"首页"一致。想要查看已处理和未处理的报警信息，可以通过筛选框来进行筛选。

（2）维保历史记录　管理人员想要查询当天的维保情况，可通过时间筛选来进行查询。

（3）巡查历史记录　进入该界面可查看各个单位巡查人员上传的历史巡查任务；数据量较多的情况下可通过筛选来进行查询。

（4）视频监控情况历史记录　进入该界面可查看到各个单位的视频截图；如需查看当天的视频监控情况，可通过时间筛选来进行查询。

（5）值班历史记录　此界面内显示通过交接班交接的值班人员记录。

（6）设备状态历史记录　进入该界面可查看各个报警设备的在线状态，包括：RTU、报警主机、用户传输装置。如想查看某个报警系统，可通过筛选框进行筛选。

（7）操作记录　此界面内显示各个账号报警声音开关的设置记录。用某一个账号，对界面右上方的报警声音开关进行设置，记录就会出现在此界面内。

（8）短信记录　当后台设置了告警信息推送，此单位的警告将会以短信进行推送，并出现在该界面中，点击数字下划线，可展示详细数据。

（9）电话记录　当后台设置了告警电话推送后，此单位的告警将会以电话语音进行推送。

（10）流量统计　用来统计各个单位内相关联的用户传输装置的流量统计。

（11）用户传输装置记录　此界面用来统计各个单位内的用户传输装置，暂无数据接入。

（12）处理记录　此界面用来显示视频开关的历史操作记录，例如登录某一个账号，对视频开关进行设置，则记录会出现在该界面中。

## 七、综合分析

（1）系统分析　"系统分析"分为"单位系统分析""查岗分析""通讯系统分析""事件分析"四个部分。"单位系统分析"用来查看单位报警系统的统计分析图以及报警系统的异常率；"查岗分析"可用于查看各个单位的查岗统计分析图，以及查岗详细次数；"通讯系统分析"可用于查看通讯系统统计分析图以及次数；"事件分析"可用于查看各个联网单位报警设备的处理时间、类型。

（2）单位分析　"单位分析"界面用来查看相关单位的报表统计分析图以及单位评分的数据，展示各系统告警数据，维保、巡查、维修数据，查岗数据，点击"打印"可导出报表，其中"单位评分"可用于展示对应单位评分数据，点击"得分详情"可展示评分标准。

## 八、单位管理

（1）单位资料　"单位资料"可用于查看各个单位的详细资料，有下划线的字体可以点击。

（2）建筑信息　"建筑信息"由后台进行配置，后台界面如图6-22所示，添加完成之后，可在前台页的"建筑信息"界面内查看。

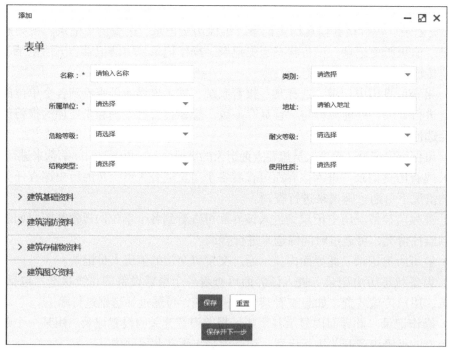

图6-22　建筑信息管理

（3）消防安全重点部位　此界面内展示的信息由后台的"重点部位"模块进行添加，点击"新增"按钮，输入监测的重点部位名称、所属单位、详细位置等信息，可在前台的"单位管理"中显示出来，如图6-23所示，添加完成之后可在前台页面查看到重点部位详细信息。

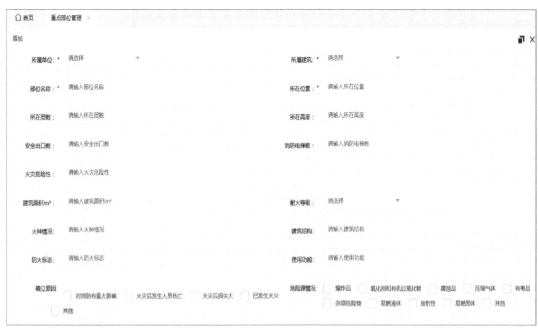

图 6-23　重点部位

（4）单位危险品　此界面的展示信息由后台的"危险品管理"进行添加。点击"新增"按钮，添加各个单位危险品的名称、数量、类型、状态等详细信息，如图 6-24 所示。填写完成之后，可在前台页面的"单位管理"中查看到具体的危险品信息。

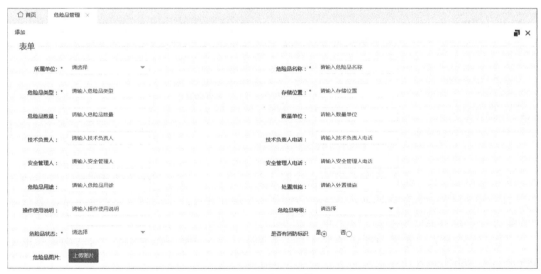

图 6-24　危险品管理

（5）位置地图　可在此界面查看相关单位的具体地理位置，如图 6-25 所示。

（6）视频　可在此界面查看相关单位的视频信息，此视频由后台的"视频管理"进行添加。点击"新增"按钮，可添加由现场视频监控提供的视频名称、IP 地址、端口号、用户名、密码，新增成功之后可在前台页面查看到该视频信息，如图 6-26 所示。

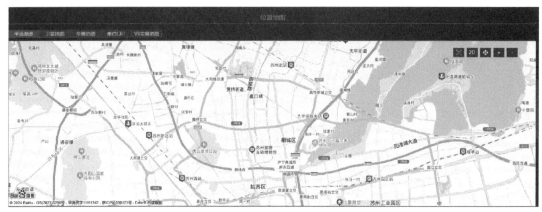

图 6-25　位置地图

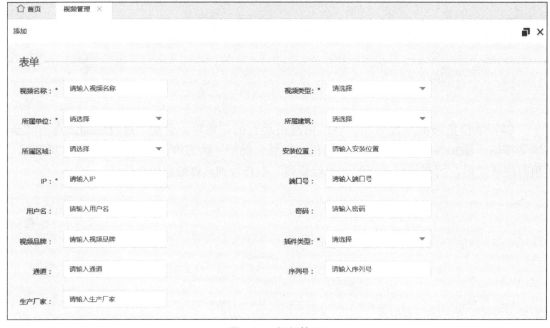

图 6-26　视频管理

（7）注册人员　此界面内展示的是注册人员信息，可在后台的"用户管理"内进行添加（注：要与相关单位相对应），点击"新增"按钮，可根据要求填写详细信息，选择该联网人员所负责的联网单位，如图 6-27 所示。

（8）值班人员　此界面展示值班人员，在后台"排班表"模块配置，对联网单位账号进行配置，如图 6-28 所示。

（9）微型消防站　此界面展示的信息由后台"消防力量管理"添加，点击"新增"按钮，可在此界面新增相关消防站，如图 6-29 所示。

填写完成之后，可在前台页面查看到新增的消防站，如图 6-30 所示。

消防设备数量由后台的"消防站设备管理"来添加，进入此界面，点击"新增"按钮，选择相应的消防设备站，输入该消防站内的消防设备种类、数量，如图 6-31 所示。

图 6-27　联网单位人员管理

图 6-28　排班表

## 九、在线学习

　　"在线学习"功能界面与在线学习平台相关联，可在此平台系统中查询到相关的消防知识数据。"在线学习"分为"游戏""动画""全景学习""考核测试""实操演练""多媒体"六个模块。

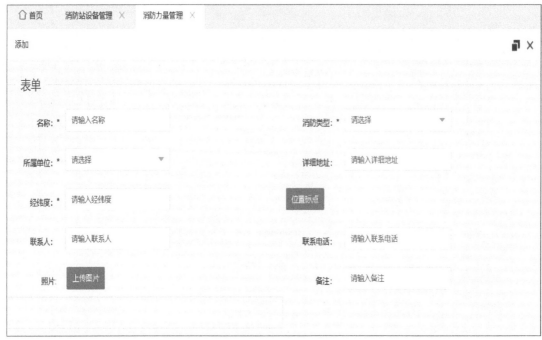

图 6-29　消防力量管理

| | 名称 | 消防类型 | x坐标 | y坐标 | 单位名称 |
|---|---|---|---|---|---|
| ☐ | 111 | 单位微型消防站 | 113.961068 | 22.537671 | 元宇宙 |
| ☐ | 测试 | 单位微型消防站 | 120.592412 | 31.303565 | 思迪平台预发环境测试 |
| ☐ | 消防站 | 单位微型消防站 | 120.592412 | 31.303565 | 建筑消防演示平台 |
| ☐ | SD单位微型消防站 | 单位微型消防站 | 120.642287 | 31.273241 | 苏州思迪信息技术有限公司 |
| ☐ | 越帮街道微型消防站 | 单位微型消防站 | 120.642997 | 31.268899 | 苏州信息职业技术学院 |
| ☐ | 长亭大队 | 消防大队 | 120.635888 | 31.266747 | |
| ☐ | 宝带中队 | 消防大队 | 120.659026 | 31.33349 | |
| ☐ | 吴中消防支队 | 消防支队 | 120.667075 | 31.312267 | |
| ☐ | 武汉万科翡翠国际微型消防站 | 单位微型消防站 | 114.285302 | 30.607311 | 武汉万科翡翠国际 |
| ☐ | 阿里 | 单位微型消防站 | 120.606498 | 31.31593 | |

图 6-30　新增微型消防站

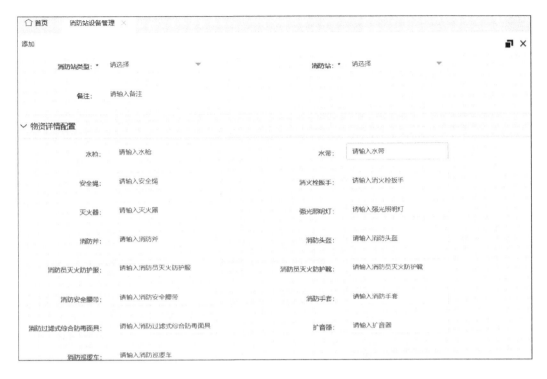

图 6-31 消防站设备设置

# 参考文献

［1］国家消防救援局. 消防设施操作员：中级［M］. 北京：中国劳动社会保障出版社，2023.

［2］谢社初，周友初. 火灾自动报警系统：MOOC 版［M］. 北京：中国建筑工业出版社，2018.

［3］杨连武，武延坤，艾迪昊. 火灾报警及消防联动系统施工［M］.3 版. 北京：电子工业出版社，2024.

［4］李绍军. 火灾自动报警系统［M］. 北京：电子工业出版社，2014.

［5］李作强. 消防安全案例分析［M］. 广州：广东经济出版社，2024.

［6］国家消防救援局. 消防安全案例分析：2023 年修订［M］. 北京：中国计划出版社，2022.